本书获南京水利科学研究院出版基金资助

# 基于溶蚀过程的水泥混凝土物理力学性能及工程应用

杨 虎 戈雪良 王 珩 著

东南大学出版社

SOUTHEAST UNIVERSITY PRESS

南京

## 内容提要

  本书阐述了水泥基材料的溶蚀特性、试验方法、溶蚀模型及影响因素，水化产物化学组分与溶蚀阻抗的关系，溶蚀水泥石物理及力学性能损伤规律，我国东北地区软水侵蚀典型病害实例及原因，以及溶蚀耐久性研究成果的工程应用等。

  本书包括水泥混凝土溶蚀的相关基础理论、测试方法和大量翔实的试验资料，注重研究内容与工程实践紧密结合，可作为土木水利领域从事科研、设计、施工、建设及运行管理等工程技术人员的参考书，也可供高等学校土木水利类专业的师生参考。

## 图书在版编目(CIP)数据

  基于溶蚀过程的水泥混凝土物理力学性能及工程应用/杨虎，戈雪良，王珩著. -- 南京：东南大学出版社，2023.12

  ISBN 978-7-5766-0911-0

  Ⅰ. ①基… Ⅱ. ①杨… ②戈… ③王… Ⅲ. ①水泥-混凝土-力学性能-研究 Ⅳ. ①TU528.07

  中国国家版本馆 CIP 数据核字(2023)第 195288 号

责任编辑：杨　凡　　责任校对：韩小亮　　封面设计：杨　虎　　责任印制：周荣虎

**基于溶蚀过程的水泥混凝土物理力学性能及工程应用**
JIYU RONGSHI GUOCHENG DE SHUINI HUNNINGTU WULI LIXUE XINGNENG JI GONGCHENG YINGYONG

著　　者：杨　虎　戈雪良　王　珩
出版发行：东南大学出版社
出 版 人：白云飞
社　　址：南京市四牌楼 2 号　邮编：210096
网　　址：http://www.seupress.com
经　　销：全国各地新华书店
印　　刷：苏州市古得堡数码印刷有限公司
开　　本：700 mm×1000 mm　1/16
印　　张：15.25
字　　数：249 千
版　　次：2023 年 12 月第 1 版
印　　次：2023 年 12 月第 1 次印刷
书　　号：ISBN 978-7-5766-0911-0
定　　价：79.00 元

# 前　言

　　水泥石是由水泥和水按照比例在一定养护条件下形成的水化物和非水化物的混合体[1-2]。在完全水化的水泥石中，C－S－H 凝胶约占 70%，$Ca(OH)_2$ 约占 20%，二者为水泥石的主要成分。具有良好黏结性能的水化物，对以水泥石为基质的混凝土和砂浆的常态稳定影响很大。一般情况下水化产物是比较稳定的，但若长期处于各种复杂环境中，则会受到不同程度的损伤，甚至完全遭到破坏。溶出性侵蚀（溶蚀，leach）过程是混凝土的常见病害和主要病害之一。

　　水泥石中的水化产物只有在一定碱度的环境中才能稳定存在，并与溶液之间保持着化学平衡状态。如硅酸三钙（$C_3S$）要求的碱度为 CaO 的饱和溶液浓度，铝酸三钙（$C_3A$）要求的 CaO 极限浓度为 $0.415 \sim 0.56$ g/L[3]。如果溶液中 $Ca^{2+}$ 浓度小于该水化产物的极限 $Ca^{2+}$ 浓度，该水化产物将会被溶解或分解。硬水中含有 $Ca(HCO_3)_2$ 或 $Mg(HCO_3)_2$，能与水泥石中的 $Ca(OH)_2$ 反应生成 $CaCO_3$ 沉淀下来，形成的碳酸盐薄膜使水泥石密实。因此处于一般的河水、湖水、地下水等硬水环境中的水泥石，其中的 $Ca^{2+}$ 不会被溶出。但是处于纯水、雨水、冰川融水等含 $Ca^{2+}$ 较少的软水环境中的水泥石，其中的 $Ca(OH)_2$ 和碳酸盐薄膜会不断溶出，当水泥石孔隙溶液与环境溶液之间达到平衡时，溶出作用才能停止。水泥石若长期与软水接触，其中的 $Ca(OH)_2$ 将会不断被溶出，导致水泥石孔隙率增加，强度和耐久性降低，最终造成水泥石结构被破坏，对工程的长期安全形成威胁。

混凝土广泛应用于土木水利工程结构、核工业和现代化学工业中。通常混凝土的溶蚀速度较慢,因此普通混凝土的溶蚀问题并不十分突出。但水利工程中的一些输水涵管、大坝以及核废料储藏结构等长期与水环境接触的混凝土工程,其溶蚀耐久性必须得到保证,否则工程的安全和使用寿命将难以满足,甚至造成严重的后果。

本书共 11 章,主要介绍混凝土材料溶蚀研究现状、水化产物化学组分与溶蚀阻抗的关系、溶蚀水泥石物理及力学性能损伤规律、我国东北地区软水侵蚀典型病害实例及原因分析、溶蚀耐久性研究成果的工程应用等。

本书由杨虎、戈雪良、王珩合著,陆采荣、梅国兴参加了第 1 章、第 2 章、第 10 章的编写工作,徐海燕、陆冬婷、刘正龙参加了第 3 章、第 4 章、第 10 章的编写工作,张政男、段宇炜参加了第 5 章、第 6 章、第 9 章的编写工作,刘紫玫、蒋袁圆参加了第 7 章、第 8 章的编写工作。本书在编写过程中还得到河海大学蒋林华教授、储洪强教授、张研教授的大力支持和帮助,作者表示诚挚的谢意。

本书研究工作受到南京水利科学研究院中央级公益性科研院所基本科研业务费专项资金重大项目"东北地区水工混凝土软水侵蚀危害及机理"(Y416008)、国家自然科学基金"水泥基材料在化学损伤下的多场耦合作用"(50808066)的资助,书中还参考了国内外混凝土科研工作者的相关文献,在此一并表示感谢。

限于作者水平,书中难免存在不妥之处,恳请读者批评指正。

作　者

2023 年 5 月

# 目　录

**第1章　绪　论** ………………………………… 001

1.1　研究背景及意义 ……………………………… 001

1.2　研究现状 ……………………………………… 003

　　1.2.1　试验方法 ……………………………… 003

　　1.2.2　溶蚀特性 ……………………………… 007

　　1.2.3　溶蚀模型 ……………………………… 009

　　1.2.4　溶蚀影响因素 ………………………… 011

**第2章　水化产物化学组分与溶蚀阻抗的关系研究** …… 014

2.1　局部化学平衡 ………………………………… 014

2.2　溶蚀试样的微观研究 ………………………… 015

2.3　溶蚀模型 ……………………………………… 018

2.4　最优水胶比的计算 …………………………… 022

2.5　试验结果 ……………………………………… 024

2.6　矿物掺合料最佳掺量 ………………………… 024

**第3章　原材料及试验方案** …………………… 027

3.1　原材料 ………………………………………… 027

　　3.1.1　水泥 …………………………………… 027

　　3.1.2　粉煤灰 ………………………………… 027

　　3.1.3　水 ……………………………………… 028

　　3.1.4　减水剂 ………………………………… 028

　　3.1.5　骨料 …………………………………… 028

3.2　样品制备 ……………………………………… 028

　　3.2.1　配合比 ………………………………… 028

  3.2.2 试样制备 ⋯⋯⋯⋯⋯⋯⋯⋯⋯⋯⋯⋯⋯⋯⋯ 029

 3.3 加速溶蚀方法 ⋯⋯⋯⋯⋯⋯⋯⋯⋯⋯⋯⋯⋯⋯⋯⋯ 030

  3.3.1 加速溶蚀介质 ⋯⋯⋯⋯⋯⋯⋯⋯⋯⋯⋯⋯⋯⋯ 030

  3.3.2 溶蚀制度 ⋯⋯⋯⋯⋯⋯⋯⋯⋯⋯⋯⋯⋯⋯⋯⋯ 036

 3.4 溶蚀特性试验研究 ⋯⋯⋯⋯⋯⋯⋯⋯⋯⋯⋯⋯⋯⋯ 037

  3.4.1 基于溶蚀过程的水泥基材料物理性能劣化试验研究 ⋯⋯⋯ 037

  3.4.2 基于溶蚀过程的水泥基材料力学性能劣化试验研究 ⋯⋯⋯ 038

  3.4.3 微观试验研究 ⋯⋯⋯⋯⋯⋯⋯⋯⋯⋯⋯⋯⋯⋯ 039

 3.5 本章小结 ⋯⋯⋯⋯⋯⋯⋯⋯⋯⋯⋯⋯⋯⋯⋯⋯⋯⋯ 039

**第4章 水泥石的溶蚀过程研究** ⋯⋯⋯⋯⋯⋯⋯⋯⋯⋯ 040

 4.1 引言 ⋯⋯⋯⋯⋯⋯⋯⋯⋯⋯⋯⋯⋯⋯⋯⋯⋯⋯⋯⋯ 040

 4.2 物理化学进程 ⋯⋯⋯⋯⋯⋯⋯⋯⋯⋯⋯⋯⋯⋯⋯⋯ 041

  4.2.1 离子扩散机制 ⋯⋯⋯⋯⋯⋯⋯⋯⋯⋯⋯⋯⋯⋯ 041

  4.2.2 液相中离子的扩散和局部化学平衡 ⋯⋯⋯⋯⋯⋯ 043

  4.2.3 溶蚀过程的模型 ⋯⋯⋯⋯⋯⋯⋯⋯⋯⋯⋯⋯⋯ 045

 4.3 溶蚀深度与表象溶蚀深度 ⋯⋯⋯⋯⋯⋯⋯⋯⋯⋯⋯ 048

  4.3.1 溶蚀深度的试验结果与讨论 ⋯⋯⋯⋯⋯⋯⋯⋯ 050

  4.3.2 表象溶蚀深度的试验结果与讨论 ⋯⋯⋯⋯⋯⋯ 055

  4.3.3 溶蚀深度与表象溶蚀深度的关系 ⋯⋯⋯⋯⋯⋯ 056

 4.4 孔隙率 ⋯⋯⋯⋯⋯⋯⋯⋯⋯⋯⋯⋯⋯⋯⋯⋯⋯⋯⋯ 057

  4.4.1 水胶比对孔隙率的影响 ⋯⋯⋯⋯⋯⋯⋯⋯⋯⋯ 057

  4.4.2 粉煤灰掺量对孔隙率的影响 ⋯⋯⋯⋯⋯⋯⋯⋯ 061

 4.5 本章小结 ⋯⋯⋯⋯⋯⋯⋯⋯⋯⋯⋯⋯⋯⋯⋯⋯⋯⋯ 064

**第5章 溶蚀水泥石的抗压试验研究** ⋯⋯⋯⋯⋯⋯⋯⋯ 066

 5.1 引言 ⋯⋯⋯⋯⋯⋯⋯⋯⋯⋯⋯⋯⋯⋯⋯⋯⋯⋯⋯⋯ 066

 5.2 试验 ⋯⋯⋯⋯⋯⋯⋯⋯⋯⋯⋯⋯⋯⋯⋯⋯⋯⋯⋯⋯ 066

 5.3 单轴抗压强度的试验结果与讨论 ⋯⋯⋯⋯⋯⋯⋯⋯ 067

  5.3.1 水胶比对单轴抗压强度的影响 ⋯⋯⋯⋯⋯⋯⋯ 067

  5.3.2 粉煤灰掺量对单轴抗压强度的影响 ⋯⋯⋯⋯⋯⋯⋯ 071

　　　5.3.3　单轴抗压强度损失率的预测模型 ·························· 074

　　　5.3.4　单轴抗压强度残余率的反演方法 ·························· 075

　　5.4　弹性模量的试验结果与讨论 ································· 076

　　　5.4.1　水胶比对弹性模量的影响 ······························ 076

　　　5.4.2　粉煤灰掺量对弹性模量的影响 ·························· 080

　　　5.4.3　弹性模量损失率的预测模型 ···························· 083

　　　5.4.4　弹性模量残余率的反演方法 ···························· 084

　　5.5　弹性模量和单轴抗压强度之关系 ························· 085

　　　5.5.1　现有经验公式 ········································ 085

　　　5.5.2　基于溶蚀过程的水泥石弹性模量与单轴抗压强度的关系

　　　　　　··················································· 086

　　5.6　弹性模量损失率和单轴抗压强度损失率之关系 ··········· 087

　　5.7　本章小结 ············································· 089


第6章　溶蚀水泥石梁的抗弯试验研究 ······················· 091

　　6.1　引言 ················································· 091

　　6.2　试验 ················································· 091

　　6.3　抗弯强度的试验结果与讨论 ····························· 093

　　　6.3.1　水胶比对抗弯强度的影响 ······························ 093

　　　6.3.2　粉煤灰掺量对抗弯强度的影响 ·························· 097

　　6.4　抗弯强度损失率预测模型所需参数 ······················· 100

　　　6.4.1　溶蚀深度 ············································ 100

　　　6.4.2　单轴抗压强度 ········································ 103

　　　6.4.3　弹性模量 ············································ 105

　　6.5　抗弯强度损失率的预测模型 ····························· 108

　　　6.5.1　基本假定 ············································ 108

　　　6.5.2　组合梁的基本方程 ···································· 109

　　　6.5.3　等效转换 ············································ 111

　　　6.5.4　组合梁的断裂过程 ···································· 111

　　　6.5.5　抗拉强度残余率对预测模型的影响 ······················ 115

　　　6.5.6　抗弯强度残余率的反演方法 ···························· 121

6.6 抗弯强度损失率与抗压强度损失率的比较 ·············· 122

6.7 本章小结 ······························ 124

**第7章 维氏显微硬度研究** ····················· 125

7.1 引言 ······························· 125

7.2 材料硬度的分类 ························· 126

7.2.1 静态压痕硬度 ····················· 126

7.2.2 动态压痕硬度 ····················· 130

7.2.3 划痕硬度 ······················· 132

7.2.4 显微硬度 ······················· 132

7.3 试验 ······························· 133

7.3.1 维氏显微硬度试验 ·················· 133

7.3.2 SEM 和 EDS 试验 ················· 134

7.4 结果与讨论 ··························· 137

7.4.1 水胶比对维氏硬度的影响 ·············· 137

7.4.2 粉煤灰掺量对维氏硬度的影响 ··········· 138

7.5 维氏硬度预测模型 ······················ 140

7.5.1 基本假定和函数的选取 ··············· 140

7.5.2 维氏硬度预测模型 ·················· 143

7.6 本章小结 ···························· 148

**第8章 基于等效维氏硬度的抗压强度损失率预测模型** ········ 150

8.1 引言 ······························· 150

8.2 当量硬度及其预测模型 ···················· 150

8.2.1 当量硬度 ······················· 150

8.2.2 当量硬度预测模型 ·················· 151

8.3 等效维氏硬度 ························· 158

8.4 基于等效维氏硬度的单轴抗压强度损失率预测模型 ······· 160

8.4.1 等效维氏硬度-单轴抗压强度曲线 ········· 160

8.4.2 单轴抗压强度损失率的预测模型 ·········· 161

8.5 本章小结 ···························· 163

**第 9 章　东北地区水工混凝土典型病害及其原因分析** ·········· 165

9.1　水工混凝土耐久性现状 ··········································· 165

9.2　典型病害简况 ····················································· 166

9.2.1　渗漏和溶蚀 ············································· 166

9.2.2　裂缝 ····················································· 169

9.2.3　冻融和冻胀 ············································· 170

9.2.4　冲刷磨损和空蚀 ········································· 171

9.2.5　混凝土碳化和钢筋锈蚀 ··································· 171

9.2.6　水量损失 ··············································· 171

9.3　东北地区典型病害工程实例 ······································· 173

9.3.1　渗漏和溶蚀工程实例 ····································· 173

9.3.2　裂缝工程实例 ··········································· 174

9.3.3　冻融和冻胀工程实例 ····································· 175

9.3.4　冲刷磨损和空蚀工程实例 ································· 178

9.4　东北地区典型病害原因分析 ······································· 179

9.4.1　渗漏和溶蚀原因分析 ····································· 179

9.4.2　裂缝原因分析 ··········································· 180

9.4.3　冻融和冻胀原因分析 ····································· 181

9.4.4　冲刷磨损和空蚀原因分析 ································· 181

**第 10 章　工程实例** ················································· 183

10.1　工程概况 ························································· 183

10.2　原材料 ··························································· 183

10.2.1　水泥 ··················································· 183

10.2.2　粉煤灰 ················································· 184

10.3　混凝土配合比的主要设计参数 ····································· 185

10.3.1　混凝土的设计要求 ······································· 185

10.3.2　混凝土的配制强度 ······································· 185

10.3.3　选择粉煤灰掺量 ········································· 186

10.3.4　确定水胶比 ············································· 187

10.3.5　确定胶材用量 ··········································· 188

10.3.6　选择用水量和最优砂率 ·················· 188

10.3.7　确定含气量 ···························· 189

10.3.8　确定砂石用量 ·························· 189

10.3.9　确定配合比 ···························· 189

10.3.10　校核配合比 ·························· 189

10.3.11　混凝土的主要设计参数 ·················· 189

10.4　厂房二期混凝土配合比试验 ·················· 190

10.4.1　拌合物基本参数试验 ···················· 190

10.4.2　配合比试验 ···························· 191

10.4.3　性能试验配合比 ························ 193

10.5　水道隧洞衬砌混凝土配合比试验 ·············· 193

10.5.1　拌合物基本参数试验 ···················· 193

10.5.2　配合比试验 ···························· 194

10.5.3　性能试验配合比 ························ 196

10.6　水道坝工水位变动区混凝土配合比试验 ·········· 196

10.6.1　拌合物基本参数试验 ···················· 196

10.6.2　配合比试验 ···························· 197

10.6.3　性能试验配合比 ························ 200

10.7　混凝土性能试验 ·························· 200

10.7.1　性能试验配合比 ························ 200

10.7.2　拌合物性能试验 ························ 200

10.7.3　物理力学性能试验 ······················ 201

10.7.4　变形性能试验 ·························· 202

10.7.5　耐久性试验 ···························· 203

10.8　抗溶蚀耐久性试验及其分析 ·················· 204

第 11 章　结论及展望 ·························· 210

11.1　结论 ································ 210

11.2　进一步研究的建议 ························ 213

参考文献 ································ 215

# 第1章 绪 论

## 1.1 研究背景及意义

水泥石是由水泥和水按照比例在一定养护条件下形成的水化物和非水化物的混合体[1-2]。在完全水化的水泥石中，C-S-H 凝胶约占 70%，$Ca(OH)_2$ 约占 20%，二者为水泥石的主要成分。具有良好黏结性能的水化物，对以水泥石为基质的混凝土和砂浆的常态稳定影响很大。一般情况下水化产物是比较稳定的，但若长期处于各种复杂环境中，则会受到不同程度的损伤，甚至完全遭到破坏。溶出性侵蚀（溶蚀，leach）过程是混凝土的常见病害和主要病害之一。

水泥石中的水化产物只有在一定碱度的环境中才能稳定存在，并与溶液之间保持着化学平衡状态。如硅酸三钙（$C_3S$）要求的碱度为 CaO 的饱和溶液浓度，铝酸三钙（$C_3A$）要求的 CaO 极限浓度为 0.415~0.56 g/L[3]。如果溶液中 $Ca^{2+}$ 浓度小于该水化产物的极限 $Ca^{2+}$ 浓度，该水化产物将会被溶解或分解。硬水中含有 $Ca(HCO_3)_2$ 或 $Mg(HCO_3)_2$，能与水泥石中的 $Ca(OH)_2$ 反应生成 $CaCO_3$ 沉淀下来，形成的碳酸盐薄膜使水泥石密实。因此处于一般的河水、湖水、地下水等硬水环境中的水泥石，其中的 $Ca^{2+}$ 不会被溶出。但是处于纯水、雨水、冰川融水等含 $Ca^{2+}$ 较少的软水环境中的水泥石，其中的 $Ca(OH)_2$ 和碳酸盐薄膜会不断溶出，当水泥石孔隙溶液与环境溶液之间达到平衡时，溶出作用才能停止。水泥石若长期与软水接触，其中的 $Ca(OH)_2$ 将会不断被溶出，导致水泥石孔隙率增加，强度和耐久性降低，最终造成水泥石结构破坏，对工程的长期安全形成威胁。

混凝土广泛应用于土木水利工程结构、核工业和现代化学工业中。通常混凝土的溶蚀速度较慢，由溶蚀引起的性能退化幅度较小，因此普通混凝土的溶蚀问题并不十分突出。但水利工程中的一些输水涵管、大坝以及核废料储藏结构等长期与水环境接触的混凝土工程,其溶蚀耐久性必须得到保证,否则工程的安全和使用寿命难以满足,甚至造成严重的后果。譬如输水洞在水利水电工程中承担着输水和泄水的任务,在经过多年的运行之后,大多呈现出不同程度的病害,除了常见的高速泄水隧洞中的空蚀破坏、高含砂量输水洞的冲磨破坏以外,在低速(流速低于 5 m/s)输水隧洞中,洞壁混凝土受到环境水的溶蚀破坏也比较突出。

位于美国科罗拉多州的科罗拉多(Colorado)拱坝和加利福尼亚州的鼓后池(Drum Afterbay)拱坝,分别建成于 1912 年和 1924 年。这两座拱坝的报废,都与溶蚀破坏密切相关。以科罗拉多拱坝为例,其报废原因和教训简述如下[4]:科罗拉多拱坝骨料全部采用当地的花岗岩天然风化料,其中含有许多云母和可溶性杂质。混凝土用人工拌和浇筑,未作任何强度测试或质量控制,以致和易性、强度和密实性都很差。库区水源由高山融雪补给,形成径流5 km 后即进入水库,水质含盐量极低,为高纯度的软水。除此之外,当地进入冬季后低温可达−35 ℃,冰冻破坏很严重。科罗拉多拱坝在上述状态下运行10 多年后,一方面受到库区蓄水长期的渗漏侵蚀,混凝土内水化产物不断被溶出,沉积在下游坝面,形成大片厚达 2.5 cm 的白色钙质非结晶沉积物;另一方面高寒气候的冻融作用又使混凝土的体积反复变化,引起外层混凝土疏松分离和松散,强度降低。而坝体混凝土浇筑不密实引起长期渗漏,又进一步加剧了上述两种破坏作用。

国内运行多年的大坝,如丰满、佛子岭、新安江、响洪甸、磨子潭、梅山等,都存在不同程度的溶蚀病害,其中一些轻型坝尤为严重;20 世纪 80 年代以后修建的混凝土坝,坝龄虽短,但也逐渐显现出溶蚀病害的征兆,有的已经相当严重,如南告和水东大坝,虽曾多次进行治理,但至今尚未摆脱溶蚀病害的困扰[5]。钙离子流失导致混凝土孔隙结构变化,使裂缝开展[6-7];同时,裂缝的存在、温度变化及孔隙应力等因素也加快了混凝土中钙离子的流失。因此,化学损伤下的多场耦合作用是导致混凝土力学性能退化的重要原因。

另外,近几十年来,化学物质以及核废料存储的安全性是人们极为关心的问题。法国政府对该问题非常重视。核电占法国发电总量的 80% 以上,核物质以及核废料的保存是一个相当重要和敏感的问题。目前在法国与比利时交界的阿尔卑斯山脉为主要埋放地区,虽然远离人口密集区域,但围绕安全性的研究工作一直在进行中。道达尔公司(Total Company)作为世界知名石油公司,涉及存放大量化学物质的问题,预防有害化学物质扩散也是该公司长期致力研究的课题。可以预见,随着国内相关领域的发展,化学损伤对工程结构的影响也必将越来越显著。

针对溶蚀过程开展研究,探索溶蚀水泥基材料物理力学性能的变化规律,一方面为结构设计提供理论依据,另一方面也为后续溶蚀机理研究提供可靠依据,对复杂环境下的结构安全运行具有重要的理论意义和较强的工程实用价值。另外,遭受溶蚀病害的大坝等混凝土工程,材料的孔隙率大,结构疏松,强度难以满足继续服役的需要,其修复过程无疑将花费巨大的财力和物力。因此,结合工程实例,寻求合理高效的预防措施,通过预防混凝土工程的溶蚀破坏,提高大中型工程的服役寿命,对于建设节约型社会也具有积极的意义。

# 1. 2　研究现状

国外针对水泥基材料的溶蚀过程已经开展了一系列研究。1988 年,法国学者 Berner[8] 首先对自然水体溶蚀作用下 $Ca(OH)_2$ 的流失进行了研究,并指出 $Ca(OH)_2$ 的溶出过程和水泥孔隙液中的钙离子浓度有直接关联。随后 Adenot 等[9] 和 Gérard[10] 分别证实和建立了孔隙溶液和固相水化产物之间存在关于 Ca 的局部化学平衡关系。与此同时,美国的 Ulm 和德国的 Kuhl 等学者也进行了研究,他们从不同方向在此领域进行探索,为进一步预测混凝土结构的安全性奠定了基础。国内对混凝土溶蚀特性的研究工作开展较晚,目前还处于起步阶段,多偏重于结合工程的实际应用研究。

## 1.2.1　试验方法

目前在公开发表的文献中,只有 Trägårdh 等[11] 对经受软水浸泡 90 a 的水库库区混凝土进行了自然腐蚀的研究。除此之外,研究人员都是在实验室内采用不同方法进行短期试验。根据混凝土在溶蚀过程中所受介质环境的不同,可将试验方法分为常规试验方法和加速试验方法。

### 1.2.1.1  常规试验方法

常规试验方法设法使混凝土受纯净水、蒸馏水、低硬度水或其他天然水的作用。常规试验方法简单,尽可能模拟了工程实际情况,为分析溶蚀过程的化学反应机理和评定水泥石组分的抗溶蚀性能都提供了有效的依据,广泛应用的主要包括以下四种。

(1)直接浸泡法

直接浸泡法是利用一定量的纯净水侵蚀水泥石、砂浆或混凝土试样,待一段时间后测量试样的各项性能。直接浸泡法模拟了材料与静止水环境发生溶蚀的过程,试验方法简便。Fauçon 等[12]采用该方法研究了单掺矿渣对水泥石溶蚀区域特性的影响。Kamali 等[13]通过试验研究了水胶比、水泥种类、温度和腐蚀介质四种因素对水泥石溶蚀特性的影响,并利用试验数据建立了预测溶蚀动力学性能的一维模型。

(2)破碎侵蚀法

该方法是将水泥石破碎后筛取一定粒径范围内的颗粒作为试样,然后加入一定量的纯净水,搅拌并浸泡一段时间后,测定其中离子含量的变化情况,进而计算出溶出的 $Ca(OH)_2$ 量。该方法操作简单、迅速,试验结果复现性好。方坤河等[14]进行少水泥高掺粉煤灰碾压混凝土长龄期性能研究时,采用该方法对破碎后的混凝土芯样和粉磨后的芯样胶凝材料浆体进行试验。但是该方法试样较小,很难测定 $Ca(OH)_2$ 溶解后对混凝土宏观性能的影响,至于 $Ca(OH)_2$ 溶出数量与混凝土强度损失之间的定量关系,更无定论[15]。

(3)压力渗透法

该方法是通过对混凝土施加一定的水头压力,使其中的 $Ca(OH)_2$ 等水化产物在渗透水的作用下溶出,测定溶出的 $Ca(OH)_2$ 量。该方法可以较好地模拟水压力作用下混凝土的溶蚀特性。苏联和我国都采用过此方法进行水工混凝土溶蚀特性试验,但国内的研究起步较晚,主要集中在大坝混凝土工程方面。试验过程中一般采用比工程实际更高的水压力。如方坤河等[16]进行混凝土允许渗透坡降研究时,采用的水压力从 1.2 MPa 至 3.2 MPa 不等,远高于混凝土结构实际所受的水压力。另外,李新宇等[17]采用此种方法对不同粉煤灰掺量的碾压混凝土进行了溶蚀研究。

(4)喷射水流法

一般条件下,水工混凝土溶蚀相当缓慢[18],但在水质很软、离子含量较低且水处于流动状态的情况下,水工混凝土溶蚀速率明显加快。喷射水流法是将纯净水喷射到混凝土的表面,观察试样磨损及溶蚀的程度,用质量损失作为试样溶蚀的量度。该方法操作简单,可以近似模拟水工混凝土与流动软水发生接触溶蚀时的情况,但除了溶蚀作用外,还有机械的冲刷作用。李新宇等[19]采用该方法进行试验时,通过搅拌机搅水来模拟水流。阮燕等[20]在此基础上采用较薄砂浆试样代替混凝土试样进行试验,进一步缩短了试验周期。

### 1.2.1.2 加速试验方法

常规试验方法的缺点是试验历时较长。为了解决该问题,可以采用不同的技术方法来加快溶蚀速度。加速试验克服了常规试验溶蚀时间长的缺点,能够在较短时间内获得高度溶蚀的试样,且重复性良好。常用的加速试验方法主要包括以下三种。

（1）化学试剂法

该方法利用水泥水化产物中的碱性物质容易与某些酸类或强酸弱碱盐类发生化学反应,生成新的化合物,从而达到加速溶蚀的目的。在化肥生产过程中,通常含有氯化铵（$NH_4Cl$）、硝酸铵（$NH_4NO_3$）、碳酸氢铵（$NH_4HCO_3$）和硫酸铵$[(NH_4)_2SO_4]$的溶液或废水,能使水泥石中的$Ca(OH)_2$转化为可溶盐,从而造成侵蚀。因此常用$NH_4NO_3$溶液、$HNO_3$溶液和有机酸溶液等加速溶蚀过程。以$NH_4Cl$溶液为例,发生的反应如下:

$$2NH_4Cl + Ca(OH)_2 \longrightarrow CaCl_2 + 2(NH_3 \cdot H_2O) \tag{1.1}$$

若遇含有盐酸、硫酸或硝酸的工业废水,水泥石中的$Ca(OH)_2$将首先发生反应,随后水化硅酸钙等将会继续参与反应。这时水化物中的凝胶体结构发生分解,形成没有黏结力的S—H,导致水泥石细观结构发生变化,孔隙率增加,力学性能劣化。反应方程式如下:

$$Ca(OH)_2 + 2H^+ \longrightarrow Ca^{2+} + 2H_2O \tag{1.2}$$

$$3CaO \cdot 2SiO_2 \cdot 3H_2O + 6H^+ \longrightarrow 3Ca^{2+} + 2(SiO_2 \cdot H_2O) + 4H_2O$$

$$\tag{1.3}$$

强酸的侵蚀性的强弱在很大程度上取决于水泥水化产物的溶解与侵蚀产物的可溶性。如果侵蚀产物是易溶的$CaCl_2$、$Ca(NO_3)_2$等,会导致水泥石孔隙溶液中$Ca^{2+}$浓度下降,固相水化产物溶解,发生溶出性侵蚀。如果侵蚀

产物是难溶的 $CaSO_4$、$Ca_3(PO_4)_2$ 等,那么这些产物就会停留在生成的部位,从而减缓外部侵蚀性溶液向材料内部结构的渗透与扩散,但是水泥石的强度依然会持续降低,直至破坏。

此类方法中应用最广的是利用一定浓度的 $NH_4NO_3$ 溶液作为溶蚀介质。用 $NH_4NO_3$ 溶液代替去离子水溶蚀水泥基材料时,如果不考虑钙矾石的溶解过程,总的溶蚀过程是等价的[21]。Carde 等[2,15] 使用 $NH_4NO_3$ 溶液研究了 $Ca(OH)_2$ 以及 C-S-H 凝胶的溶蚀特性,并建立了在溶蚀过程中强度损失和孔隙率增加的模型。Nguyen 等[22] 对水泥石、砂浆和混凝土试样在化学损伤和力学损伤下的性能进行了细致的试验研究。Xie 等[23] 对静态和动态化学损伤状态下水泥石的力学性能进行了研究。Le Bellégo 等[24-27] 使用 $NH_4NO_3$ 溶液加速溶蚀进程,对砂浆梁进行了化学-力学耦合损伤作用下的试验研究。

此外,Hidalgo 等[28] 为了探究地下水侵蚀作用下地基材料微观结构的变化情况,利用 1 mol/L 的硝酸溶液加速水泥石的溶蚀过程,并借助红外光谱和差热分析等手段对溶蚀试样进行了研究。Bertron 等[29] 使用有机酸模拟液体肥料和青贮污水对水泥基材料的侵蚀作用,通过 X 射线衍射(XRD)和反向散射电子(BSE)成像分析研究了水泥石的溶蚀过程。

化学试剂法能够在短期内得到高度溶蚀的试样,但所加入的化学试剂对水泥石具有溶解作用,还会产生其他方面的影响,比如集料以及纤维混凝土中的各种纤维等。

(2)电化学加速法

该方法通过对与水接触的试样加一恒定电流,来加快孔隙水溶液 $Ca^{2+}$ 的移动速度,破坏 $Ca(OH)_2$ 与 C-S-H 凝胶在孔隙溶液中的化学平衡,从而加快 $Ca(OH)_2$ 的溶解和 C-S-H 凝胶的脱钙,进而达到加速溶蚀的目的。日本的 Saito 等[30] 采用了电化学加速试验方法,利用电化学技术加速钙离子的渗析过程,研究了不同含砂量、不同水胶比、不同掺合料(矿渣和硅粉)及不同掺量的水泥石和水泥砂浆的溶蚀特性。Hansen 等[31] 也通过此种方法研究并描述了氯离子在混凝土中的扩散过程。电化学加速溶蚀的方法近来在国外运用较多,国内在此方法的研究方面开展了一些工作[5,17,19,32-38],但多是对水泥石和砂浆的研究,而对混凝土的研究较少。

(3)利用提高溶蚀环境温度的方法加快溶蚀的速度

Kamali 等[13] 采用了 26 ℃、72 ℃和 85 ℃三种不同温度的溶蚀介质对水泥石溶蚀特性进行了对比研究。

## 1.2.2 溶蚀特性

此类研究在材料学的范畴内进行,主要研究水泥基材料的细观特征与宏观表象之间的关系。这些基于物理现象的表观研究为化学损伤本构关系的研究提供了物理背景和相关试验数据。综合上述研究结果,可总结混凝土的溶蚀特性如下:

(1) 水化产物

混凝土在软水或其他介质环境作用下发生溶蚀的过程,实际上是水泥水化产物 $Ca(OH)_2$ 在孔隙液与外部环境的浓度梯度下随着渗漏不断流失,进而引起 C-S-H 凝胶、水化单硫铝酸盐(AFm)、钙矾石不断脱钙溶出,导致孔隙液中钙离子浓度的逐步下降,pH 值不断减小,并逐渐使水化产物失去胶凝性的一种腐蚀现象。许多学者的研究都证实了这一观点[1-2,9-10,30,39-44]。Fauçon 等[12]研究表明,单掺矿渣和不掺矿渣的水泥石,其表层溶蚀区域的特点相似:大量的钙和少量的硅被溶出,镁和铁只是在表层的含量提高了,并没有被溶出。镁以铝碳酸镁(hydrotalcite)的形式发生沉淀,C-S-H 凝胶中的钙被铁置换生成(C,F)-S-H。同时,Fauçon 等[45]还对混凝土受软水侵蚀的物理化学机理作了较详细的论述。溶蚀过程实际上是溶解和扩散两种机制的耦合作用,是水泥基材料由于渗漏而产生的一种内在的本质性的病害。混凝土被软水溶蚀的过程受局部化学平衡控制,而 $Ca^{2+}$ 的溶蚀过程受 $Ca^{2+}$ 扩散控制。Mainguy 等[42]认为,由于细骨料及截面过渡区的影响,砂浆中 $Ca^{2+}$ 的溶出量($mol/m^2$)比水泥石减少,可以使用其中水泥石的质量分数作为折减系数,并通过数值模拟验证了这种做法是可行的。

(2) 溶蚀深度

随着溶蚀过程的进行,水化产物从表层区域至内部区域逐渐溶解,溶蚀面会呈现出具有明显差异的两部分区域:溶蚀区域和未溶蚀区域。一般将二者的界限称为 $Ca(OH)_2$ 的溶解峰,从而把溶蚀深度定义为 $Ca(OH)_2$ 的溶解峰至试样表面的距离。Le Bellégo[46]分别使用酚酞法和 SIMS 法对水泥石的溶蚀深度进行了测量,试验表明,溶蚀深度与溶蚀时间平方根的线性关系良好,可用菲克定律(Fick's law)来描述。这也证实了 $Ca^{2+}$ 的溶蚀过程是受 $Ca^{2+}$ 扩散控制的。Mainguy 等[42]的数据表明,水泥石在 3 个月和 7 个月时的溶蚀深度与砂浆非常接近。Nguyen 等[22]的数据表明,25 天时砂浆的溶蚀深度约是混凝土的 1.15 倍,除了试样的尺寸因素,Nguyen 等认为粗骨料对渗透溶蚀有着显著的影响,是造成这一现象的主要原因。

（3）孔隙率

随着溶蚀过程的进行,水泥基材料的孔隙率不断增大,密度不断减小。导致孔隙率增大的主要原因是 $Ca(OH)_2$ 的溶出,而 C-S-H 凝胶的脱钙对孔隙率的影响可以忽略[2,42,47]。Haga 等[41]对不同水胶比的水泥石进行了溶蚀试验研究。结果表明,随着 $Ca(OH)_2$ 的溶解,试样的孔隙率不断增大,密度不断减小,孔隙率的增大又加速了 $Ca(OH)_2$ 的扩散和溶解。Tognazzi 等[1]建立了 $Ca^{2+}$ 有效扩散系数关于孔隙率的经验关系式。此外,水胶比 $W/B$ 越大,孔隙率的增量就越大;$Ca(OH)_2$ 的初始含量越高,溶出的 $Ca^{2+}$ 量就越大[30,41,48]。

（4）力学性能

许多学者研究了溶蚀过程对水泥石和砂浆力学性能的影响。Carde 等[2]的研究表明,随着溶蚀过程的进行,$Ca(OH)_2$ 完全溶解,C-S-H 凝胶也逐渐溶解,材料的刚度会有明显的下降,且强度的损失和孔隙的增加成正比。与未溶蚀的试样相比,溶蚀试样的微观孔隙结构改变导致塑性增大。Gérard[10]通过建立固相水化产物中钙离子浓度和弹性模量之间的关系研究了溶蚀过程对力学性能的影响,Torrenti 等[47]则通过建立固相水化产物中钙离子浓度和强度之间的关系来研究溶蚀过程对力学性能的影响。Le Bellégo[46]的研究表明,溶蚀程度为 48%、59% 和 74% 的砂浆试样,其刚度损失分别为 23%、36% 和 53%。Heukamp 等[49-50]对水泥石试样进行了三轴抗压强度试验,建立了试样力学性能和孔隙水压力之间的关系。Nguyen 等[22]对混凝土在化学损伤和力学损伤下的性能进行了详细的研究,随着溶蚀过程的进行,持续加载和循环加载应力-应变曲线峰值不断下降,曲线最终趋于平缓。Xie 等[23]对静态和动态化学损伤状态下的水泥石进行了试验研究,结果表明,化学损伤会导致硬化水泥浆体的屈服应力急剧下降,所得的试验数据为建立数学模型奠定了基础。另外,Xie 等指出,对损伤试样进行微观研究和深入的化学分析,有助于更好地解释材料在化学-力学耦合损伤状态下的物理力学性能和化学损伤下的动力学特性。

（5）梁结构的力学性能

Le Bellégo 等[24-27]最早对水泥基材料结构（砂浆梁）进行了化学-力学耦

合的试验研究。Le Bellégo 将成型的砂浆梁浸入 $NH_4NO_3$ 溶液，同时采用位移控制分别对其施加竖向荷载和三点弯曲荷载，直至试样破坏。因为钙离子的溶出，结构反力逐渐减小。在不同的溶蚀阶段，Le Bellégo 记录了砂浆梁刚度、强度、断裂能和溶蚀深度的变化情况。从应力-应变曲线来看，化学-力学耦合作用下砂浆梁的强度损失明显大于化学溶蚀作用下的强度损失，这表明毛细孔和裂缝的存在会增大离子的扩散速率从而加速化学溶蚀过程。

## 1.2.3　溶蚀模型

钙离子的析出是一个非常缓慢的过程，试验研究周期较长，而且影响因素众多，所以通过试验对钙离子溶出的过程进行评估是非常困难的。而且由于混凝土的孔隙结构受钙离子析出的影响，其力学性能很快就会变成非线性，所以不能仅仅依靠试验对混凝土性能劣化做出可靠的预测。因此，很多研究者基于不同的理论提出各种模型，采用数值方法模拟这个过程。

### 1.2.3.1　Gérard 模型

在混凝土溶蚀机理定量研究方面，法国的 Gérard[10] 最先进行了研究。随后，Gérard 等[51]、Adenot 等[9]、Torrenti 等[47]、Fauçon 等[45] 对混凝土接触溶蚀数学模型都有描述。该模型假定：

（1）固相水化产物被软水溶蚀的过程受局部化学平衡控制；

（2）$Ca^{2+}$ 的溶解所需时间远小于其扩散所需时间，也就是说，只考虑 $Ca^{2+}$ 在混凝土中的扩散过程；

（3）溶出 $Ca^{2+}$ 不再和其他水化产物反应生成新物质。

在上述假定的基础上，利用质量守恒定律，得到钙离子溶蚀过程的控制方程：

$$\frac{\partial(\theta Ca^{2+})}{\partial t} = \text{div}\left[D(Ca^{2+}) \cdot \mathbf{grad}(Ca^{2+})\right] - \frac{\partial Ca_{solid}}{\partial t} \tag{1.4}$$

式中：$Ca^{2+}$ 为孔隙溶液中 $Ca^{2+}$ 的浓度（$mol/m^3$）；$Ca_{solid}$ 为固相中 Ca 的浓度（$mol/m^3$）；$\theta$ 为孔隙率（%）；$t$ 为溶蚀时间（s）；$D$ 为有效扩散系数（$m^2/s$）；div 为散度；$\mathbf{grad}$ 为梯度。

上述控制方程加上一定的初始条件和边界条件，可以求解出圆柱体混凝土试样在软水环境下溶蚀一定时间的溶蚀深度，以及 $Ca^{2+}$ 的溶出量。

Le Bellégo[46]利用试验数据验证了该模型。

由于该方程不考虑混凝土结构物溶蚀破坏过程中水的渗透作用,因此它仅适用于水交替比较缓慢或者混凝土中各组分分布比较均匀的溶蚀过程。另外,该方程没有考虑水化产物的溶解是不可逆的,因此不能用来描述解除化学溶蚀和循环化学溶蚀这些过程。Kuhl 等[52]考虑了孔隙溶液中初始钙离子浓度的影响,引入位移矢量和孔隙溶液中钙离子的浓度作为此类耦合场问题的主要变量,对上述模型进行了改进。Gérard 等[53]在上述控制方程的基础上,建立了 $NH_4NO_3$ 溶液加速溶蚀过程的模型,并进行了验证。

### 1.2.3.2　Kuhl 模型

混凝土的溶解-扩散过程建立在钙离子的质量守恒基础之上,材料中钙离子平衡主要考虑下述三项:第一项是充满孔隙体积 $(\phi_0+\phi_c)dV$ 的孔隙液中 $Ca^{2+}$ 的总质量 div $q$;第二项是由孔隙体积和钙离子浓度之间短暂的变化而引起的,用 $[(\phi_0+\phi_c)c]^{\cdot}$ 来表示;第三项是单元体积 $dV$ 的固相水化产物中 $Ca^{2+}$ 的总质量 $\dot{s}$。因此可以得到[54]:

$$\text{div } \boldsymbol{q} + [(\phi_0+\phi_c)c]^{\cdot} + \dot{s} = 0 \qquad (1.5)$$

初始条件、Neumann 边界条件和 Dirichlet 边界条件如下:

$$\begin{cases} c(X,t_0)=c_0(X) & \forall X \in \Omega \\ q(X,t_0) \cdot n(X,t_0)=q^*(X,t_0) & \forall X \in \Gamma_q \\ c(X,t_0)=c^*(X,t_0) & \forall X \in \Gamma_c \end{cases} \qquad (1.6)$$

式中:$q$ 为溶液的相关摩尔流量(kg·mol/s);$\phi_0$ 为初始孔隙率(%);$\phi_c$ 为化学溶蚀作用导致的孔隙率(%);$c$ 为孔隙溶液中钙离子浓度(mol/m³);$s$ 为固相水化产物中的钙离子浓度(mol/m³);$X$ 为空间位置变量;$t$ 为溶蚀时间(s);$c^*$ 为 Dirichlet 边界 $\Gamma_c$ 下浓度的规定值(mol/m³)。

Kuhl 模型是基于平滑的化学平衡而建立的。在关联函数 $s(c)$ 基础上,基质扩散率 $\dot{s}$、化学损伤导致的孔隙率 $\phi_c$ 和表观扩散率 $(\phi_0+\phi_c)D_0$ 都可以在孔隙介质的框架内模拟。该模型考虑基质扩散过程的不可逆性,引进了一个内部变量,这样就可以对循环化学作用进行模拟。但是该模型没有考虑对流性的传递,这也是它的一个局限性。Kuhl 等[52]考虑了孔隙溶液中初始钙离子浓度的影响,引入位移矢量和孔隙溶液中钙离子的浓度作为此类耦合场问题的主要变量,对上述模型进行了改进。

## 1.2.4　溶蚀影响因素

除了溶蚀时间外,国内外的专家学者一般将溶蚀的影响因素归纳为外部因素和内部因素。外部因素包括水质、温度、水压力、水体与混凝土的接触面积等;内部因素是指由水泥基材料本身因素导致的溶蚀,主要包括水胶比、含砂量、水泥种类和外掺料、水化产物中的钙硅比(以 $CaO/SiO_2$ 计,简记为 $Ca/Si$)、材料本身的密实性以及孔隙、裂缝情况等。

### 1.2.4.1　外部因素

（1）水质

水体的化学成分,特别是其中 $Ca(OH)_2$ 的浓度和其他影响 $Ca(OH)_2$ 溶解度的物质的浓度,及其更新速度[33]都对溶蚀有很大的影响。多种水质条件都会对水泥基材料造成侵蚀,但程度不尽相同。Maltais 等[55]的研究表明,腐蚀溶液的种类对水泥浆体动力学性质的改变起着重要的作用,去离子水使得水泥浆体中的 $Ca(OH)_2$ 和 C－S－H 凝胶溶解,而在硫酸钠溶液腐蚀下可观察到试样中有钙矾石和石膏生成。Kamali 等[13]使用三种不同的介质对水泥石进行了溶蚀试验,试验表明,水泥石在 $NH_4NO_3$ 溶液中浸泡 19 d,其溶蚀深度比在纯水中浸泡 114 d 大 4.5 倍,比在矿物质水中浸泡 114 d 大 5 倍,并且这种关系在室温(26 ℃)和高温(85 ℃)时都是成立的。

（2）温度

温度越高,溶蚀速度越快。这种现象可以从三个方面来解释[13]:提高温度,一是增大了离子的有效扩散系数;二是加速了水化产物的溶解;三是改变了混凝土的孔结构,增大了孔隙率。如高温下 C－S－H 凝胶中会发生如下反应:$2Si—OH \longrightarrow Si—O—Si + H_2O$,反应生成大量的水,使得孔隙率增加[56]。

（3）水压力和接触面积

根据水泥基材料在溶蚀过程中所受水压力的大小,溶蚀可以分为两种类型:不受水压力或所受水压力可以忽略不计时所受到的溶蚀为接触溶蚀;反之,所受水压力不能忽略时为渗透溶蚀。接触溶蚀的溶蚀程度和接触面积有很大的关系,混凝土与水体的接触面积越大,溶蚀速度越快,程度越深;而渗透溶蚀很大程度上受到水压力大小的影响,随着水压力的增大,混凝土的渗透性增大,溶蚀也随之增大。

### 1.2.4.2 内部因素

**(1) 水胶比和含砂量**

Maltais 等[55]认为,对水泥石溶蚀的动力学特性影响最大的因素是水胶比,降低水胶比能增加混凝土的密实度,从而有效地提高其抗溶蚀耐久性。当 $W/C$ 一定时,含砂量越大,$Ca^{2+}$ 的溶出量就越小;当含砂量一定时,$W/C$ 越小,$Ca^{2+}$ 溶出量也越小。Kamali 等[13]认为,增大水胶比会增加溶蚀速度,并且当水胶比低于 0.4 时,水胶比的影响更加显著。Delagrave[57]和 Richet[58]的试验数据也证明了这一观点。

**(2) 水泥种类和外掺料**

不同种类的水泥,其各组分的质量分数也不尽相同,实质上就可以看作外掺料的种类和掺量不同。粉煤灰、硅粉等外掺料中含有 $SiO_2$,在水泥硬化过程中逐渐与石灰化合成硅酸钙,其极限石灰浓度极低,可以降低混凝土的溶蚀,对孔隙结构和力学性能等产生较大影响。Feldman[59]的研究表明,矿物掺合料减少了水泥基材料中的毛细孔,因此降低了离子的扩散速率。Kamali 等[13]认为,水胶比相同的水泥石,溶蚀深度和水泥的种类有很大的关系。单掺矿渣水泥石和双掺矿渣粉煤灰水泥石,溶蚀深度要小于硅酸盐水泥石。因为外掺料的掺入降低了水化产物中可溶 $Ca(OH)_2$ 的含量,增大了结构的紧密性,所以可以改善水泥基材料的抗溶蚀特性。Carde 等[2,15]的研究表明,不掺硅粉的砂浆试样完全溶蚀后其抗压强度降到约原来的 24%,掺入硅粉的砂浆试样完全溶蚀后其抗压强度约降到原来的 68%,即掺入硅粉能很大程度地减少由溶蚀造成的抗压强度的降低。Saito 等[30]的研究表明,随着外掺料(高炉矿渣和硅粉)掺量的增加,钙离子的溶出量减少约 60%~80%。Durning 等[60]研究了外掺硅粉对混凝土抗接触溶蚀性能的改善作用。此外,Catinaud 等[43]研究了掺加石灰石粉对混凝土抗接触溶蚀性能的影响及溶蚀机理。上述试验结果均表明,加入一定量的掺合料,如粉煤灰、硅粉和石灰石粉等都可以增强混凝土的抗溶蚀性能。

**(3) 钙硅比**

水泥固相水化产物中 Ca/Si 值的大小对水泥基材料的溶蚀也有一定的影响。谢文涛等[61]和阮燕等[35]的研究结果表明:当粉煤灰掺量较小或不掺粉煤灰时,水化产物中的 Ca 含量较多,Si 含量相对较少,混凝土比较容易溶出 CaO;当掺合料掺量较大时,水化产物中 Ca 含量较少,而 Si 含量相对较多,混

凝土比较容易溶出 $SiO_2$,甚至从外部水环境中吸入 $CaO$。$CaO$ 与 $SiO_2$ 的相对含量处于相对平衡状态时($Ca/Si \approx 1$),其抗渗透溶蚀性能一般较好。因此,混凝土原材料性能一定时,存在最佳的配合比,使得所配混凝土的抗溶蚀性能较好。

（4）密实性、孔隙和裂缝情况

相对密实的水泥基材料,经过一段时间后由于自动密实而停止渗透,并且 $Ca(OH)_2$ 的溶出也随之停止。孔隙率较大、不密实的水泥基材料,渗透不会停止,但由于在渗透路径处会形成保护性薄膜层,$Ca(OH)_2$ 并不会继续溶出。只有当水的力学作用使薄膜层破坏时,才会造成新的表面,进而继续发生溶蚀。裂缝或极不密实混凝土的溶蚀,是由很大的渗透流量所引起的,在这类水泥基材料中,渗透和溶蚀程度将不断增大,以致使其遭到完全破坏[62]。Haga 等[41]使用不同水胶比配制出不同孔隙率的水泥石,并对其溶蚀特性进行试验研究,结果表明,随着 $Ca(OH)_2$ 的溶解,试样的密度和孔隙率发生变化,孔隙率越大,$Ca(OH)_2$ 溶出的速度就越大。因此,提高水泥基材料的密实性、抗渗性和抗裂性是解决渗透溶蚀的关键。

# 第2章 水化产物化学组分与溶蚀阻抗的关系研究

## 2.1 局部化学平衡

水泥基材料的孔隙溶液中含有大量的离子,如 $Ca^{2+}$、$OH^-$、$Na^+$ 和 $K^+$,因此当水泥基材料与纯水或者软水接触时,会在材料表面和内部的孔隙溶液之间形成浓度梯度。该浓度梯度导致离子以扩散的形式发生迁移。除此之外,它还打破了原本占据主导地位的孔隙溶液与固相水化产物之间的化学平衡,导致固相水化产物的溶解。因此,水泥基材料的溶蚀过程是由扩散和溶解两种机制联合作用所导致的,溶蚀过程的动力学特性取决于两种现象各自的动力学特性。

钙的局部化学平衡与水泥石溶蚀过程之间存在极大的相关性[63-65]。局部化学平衡只有在扩散的动力学特性慢于材料内部化学反应的动力学特性时才能维持。在这种情况下,材料与外部溶液接触的表面形成一层溶解度极小的表面层,该表面层不随时间的变化而溶解,被称为固相-液相界面。扩散过程发生在这个固定的固相-液相界面和不断向材料内部移动的扩散峰(diffusion front)之间。扩散过程的动力学特性随着时间的增长逐渐变得缓慢,经过短暂的时间后,材料的内部就满足了局部化学平衡所需的必要条件,局部化学平衡就可以建立起来了。许多研究都通过建立模型对这一过程进行了研究。研究表明,溶蚀深度(leaching depth)和一些物质的溶出量都与溶蚀时间的平方根成正比。

水泥基材料所有水化产物中均含钙离子。孔隙溶液中的钙离子参与了所有相关的化学平衡,因此钙离子的浓度是表征材料在溶蚀过程中各项性能劣化规律的一项重要参数。图 2.1 给出了固相水化产物中 Ca/Si 与孔隙溶液中 $Ca^{2+}$ 浓度的函数关系。当水泥基材料遭受溶蚀时，可以通过上述函数关系由固相水化产物中 Ca/Si 推算液相中 $Ca^{2+}$ 浓度。

图 2.1 所反映的局部化学平衡可用一条分段曲线描述[63,66]。第一阶段（图中右侧所示的 CH+C-S-H domain 区域）与 $Ca(OH)_2$ 的溶解相关联，而第二阶段（图中中部所示 C-S-H domain 区域）与 C-S-H 凝胶的部分脱钙相关联。当孔隙溶液中的 $Ca^{2+}$ 浓度较高时，$Ca(OH)_2$ 与 C-S-H 凝胶都是稳定存在的。随着孔隙溶液中的 $Ca^{2+}$ 浓度不断降低至某个临界值时，$Ca(OH)_2$ 首先发生溶解，当 $Ca(OH)_2$ 完全溶解之后，局部化学平衡受 C-S-H 凝胶的控制。当孔隙溶液中的 $Ca^{2+}$ 浓度继续降低至某一临界值时，C-S-H 凝胶完全脱钙，生成无任何胶结性能的 SH 胶体。

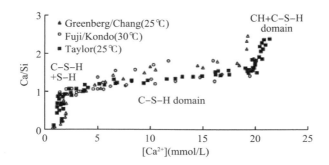

**图 2.1　水溶蚀作用下 $C_3S$ 水泥石固相水化产物中 Ca/Si与孔隙溶液中 $Ca^{2+}$ 浓度的函数关系**

## 2.2　溶蚀试样的微观研究

从遭受 $NH_4Cl$ 溶液和 HCl 溶液溶蚀 14 d 的混凝土试样中取出水泥石样品，通过环境扫描电子显微镜，观察水泥石微观结构和水化产物的劣化情况，如图 2.2(a)～图 2.2(l)所示。

（a）

（b）

（c）

（d）

（e）

（f）

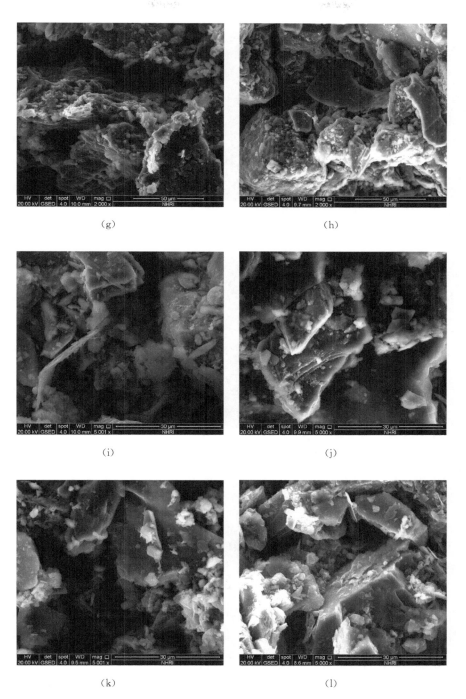

图 2.2　溶蚀试样水化产物的 ESEM 照片

图 2.2(a)～图 2.2(d)所示照片的放大倍数约为 1 000 倍,可以在较大视野内观察水化产物遭受溶蚀破坏后的形貌。分析得知,溶蚀区域固相水化产物的形貌产生了很大的改变,从而影响材料的孔隙率和孔结构。图 2.2(e)～图 2.2(h)所示照片的放大倍数约为 2 000 倍,可以观察水化产物群落或团簇的溶蚀形貌。图中清晰可见,遭受溶蚀破坏的晶体群落塌陷、瓦解,大量由于脱钙作用而失去胶结的水化产物,呈凝絮状散布在基质上。图 2.2(i)～图 2.2(l)所示照片的放大倍数约为 5 000 倍,可以针对某个结晶颗粒开展细致观察。根据图片,可以看到六边形 Ca(OH)₂ 和片状、板状 Ca(OH)₂ 在遭受溶蚀破坏后的形貌:六边形 Ca(OH)₂ 边缘严重损伤,并且旁边生成了新的腐蚀产物;片状、板状 Ca(OH)₂ 崩溃、坍塌。

## 2.3　溶蚀模型

水泥基材料经历溶蚀劣化过程,其单位面积累计溶出量可由下式计算[67-68]:

$$M(t) = \sqrt{\frac{2D_e C_0^2 f_{mo}^2 C_H}{\beta}} \cdot \sqrt{t} \qquad (2.1)$$

式中:$M(t)$ 为单位面积累计溶出量(mol/m²);$D_e$ 为有效扩散系数(m²/s);$C_0$ 为试样中溶出物初始浓度(mol/m³);$f_{mo}$ 为溶出物的动态比(mobile fraction)(无量纲);$C_H$ 为溶蚀介质中 H⁺ 的浓度(mol/m³);$\beta$ 为酸缓冲容量(Acid Neutralization Capacity,ANC)(mol/m³);$t$ 为时间(s)。

从式(2.1)可以看出,溶出的速度取决于试样的有效扩散系数 $D_e$ 和试样的酸缓冲容量 $\beta$。

以往的研究通常假定水泥石的酸缓冲容量主要取决于其中游离钙的含量。游离钙来自 CH 和 C-S-H。在溶蚀区域,CH 被认为是完全溶出,因此对酸缓冲容量有直接贡献。即 1 mol 的 CH 可以贡献出 1 mol 的 Ca²⁺。

C-S-H 也对酸缓冲容量有贡献,但 C-S-H 中的钙不能完全溶出且溶出过程十分缓慢。Revertegate 等研究了不同 pH 值溶蚀介质对 $W/C=0.37$ 波特兰水泥石侵蚀的过程,分别使用 X 射线荧光(XRF)光谱分析和热重分析测试了遭受侵蚀的试样中钙的总含量和 CH 含量,以便区分溶出的钙源自 CH 还是 C-S-H。结果表明:pH=4.6 时,CH 全部溶出,C-S-H 有 68% 溶出。这个结论与 Carde 等得到的一致。Carde 等对遭受硝酸铵溶液侵蚀的水泥石的钙含量进行了测试。结果表明:溶蚀区域 CH 全部溶出,而 C-S-H 从试样表面至溶蚀区域末端线性脱钙;不含 CH 水泥石,溶蚀区域内 C-S-H 脱钙 50%。因此本研究中 C-S-H 的平均脱钙率值选为 0.6。

　　C-S-H 是 $C_{1.7}SH_4$ 的缩写,即 1 mol 的 C-S-H 可以释放 1.7 mol 的 $Ca^{2+}$。CH 和 C-S-H 的摩尔体积分别为 $33.1 \times 10^{-3}$ L/mol 和 $108 \times 10^{-3}$ L/mol,酸缓冲容量的表达式可以表达为如下形式:

$$\beta = 2 \times \frac{\varphi_{CH}}{33.1 \times 10^{-3}} + 2 \times 0.6 \times 1.7 \frac{\varphi_{C\text{-}S\text{-}H}}{108 \times 10^{-3}} = 60.4\varphi_{CH} + 18.9\varphi_{C\text{-}S\text{-}H}$$

$$(2.2)$$

式中:$\varphi_{CH}$ 为 CH 的摩尔体积(L/mol);$\varphi_{C\text{-}S\text{-}H}$ 为 C-S-H 的摩尔体积 (L/mol)。

　　式(2.1)中的有效扩散系数 $D_e$ 与试样的孔隙率密切相关。Garboczi 和 Bentz 提出材料的有效扩散系数 $D_e$ 与孔隙率存在如下关系:

$$\frac{D_e}{D_0} = 0.001 + 0.07\varphi_w^2 + H(\varphi_w - 0.18) \times 1.8 \times (\varphi_w - 0.18)^2 \quad (2.3)$$

式中:$\varphi_w$ 为(由水填充的)初始孔隙率(water porosity);$H(x)$ 为阶跃函数,当 $x \leqslant 0$ 时 $H(x)=0$,当 $x>0$ 时 $H(x)=1$;$D_0$ 为分子扩散系数($m^2/s$)。

　　式(2.3)等号左边的倒数称为 MacMullin number,MacMullin number 仅取决于材料的结构。0.18 为渗透阈值(percolation threshold)。式(2.3)对未遭受溶蚀的完好试样成立。在溶蚀过程中,试样中的 CH 溶出,产生新的孔隙。因此遭受溶蚀的试样的总孔隙 $\varphi_t$ 包含初始孔隙率 $\varphi_w$ 和 CH 溶出产生的孔隙率 $\varphi_{CH}$:

$$\varphi_t = \varphi_w + \varphi_{CH} \tag{2.4}$$

式(2.3)并不适用于溶蚀过程,因为溶蚀过程中扩散系数的增长速度远大于水化过程中扩散系数的降低速度,这意味着即使孔隙率为定值,溶蚀试样的扩散系数也比完好试样的要大,故不能简单地将 $\varphi_t$ 代入式(2.3)中进行计算。Snyder 和 Clifton[68] 考虑这一因素,定义:

$$\vartheta_w = 0.001 + 0.07\varphi_w^2 + H(\varphi_w - 0.18) \times 1.8 \times (\varphi_w - 0.18)^2 \quad (2.5)$$

$$\vartheta_t = 0.001 + 0.07\varphi_t^2 + H(\varphi_t - 0.16) \times 1.8 \times (\varphi_w - 0.16)^2 \quad (2.6)$$

溶蚀过程中相对扩散系数由下式计算：

$$\frac{D_e}{D_0} = 2\vartheta_t - \vartheta_w \quad (2.7)$$

由式(2.6)，在溶蚀过程中阈值选为 0.16 而不是 0.18。而对完好试样，阈值仍选为 0.18。使用不同的阈值代入式(2.7)中可以计算出相对渗透系数。0.001 是考虑试样 CH 含量为某一定值时的平均值。但对于只含 C-S-H 而不含 CH 的溶蚀试样，阈值折减为 0.002 5。相应地，相对扩散系数为：

$$\frac{D_e}{D_0} = 0.002\,5 - 0.07\varphi_w^2 - H(\varphi_w - 0.18) \times 1.8 \times (\varphi_w - 0.18)^2$$
$$+ 0.14\varphi_t^2 + H(\varphi_t - 0.16) \times 3.6 \times (\varphi_t - 0.16)^2 \quad (2.8)$$

通过以上分析可知：$\varphi_{CH}$ 在溶蚀过程中起到两种截然相反的作用：一是积极作用，增加了试样的酸缓冲容量；二是消极作用，增加了试样的孔隙率，从而增加了试样的有效扩散系数。

这意味着可以通过优化水泥组分使其抵抗溶蚀的能力得到提高。又因式(2.2)、式(2.8)，故式(2.1)可写为：

$$\frac{M(t)}{\sqrt{2C_0^2 f_{mo}^2 C_H D_0}} = f(\varphi_{CH}, \varphi_w, \varphi_{C\text{-}S\text{-}H}) =$$

$$\sqrt{\frac{0.002\,5 - 0.07\varphi_w^2 - H(\varphi_w - 0.18) \times 1.8 \times (\varphi_w - 0.18)^2 + 0.14\varphi_t^2 + H(\varphi_t - 0.16) \times 3.6 \times (\varphi_t - 0.16)^2}{60.4\varphi_{CH} + 18.9\varphi_{C\text{-}S\text{-}H}}} \cdot \sqrt{t}$$

$$(2.9)$$

式(2.9)右边只与水泥的化学组分有关，左边则包含各项参数。

Bentz 和 Garboczi 提出的水泥水化过程模型最初仅包含 $C_3S$ 的水化过程，因为 $C_3S$ 对波特兰水泥的水化过程最具代表性。后来此模型被改进为：

$$C_3S \longrightarrow 1.52C\text{-}S\text{-}H + 0.61CH \quad (2.10)$$

C-S-H 和 CH 可以通过下式相互转换：

$$\varphi_{C\text{-}S\text{-}H} = 2.5\varphi_{CH} \quad (2.11)$$

因此,式(2.2)可写为:

$$\beta = 107.65\varphi_{CH} \tag{2.12}$$

将式(2.11)代入式(2.9),得到表述溶蚀速率函数 $f(\varphi_{CH}, \varphi_w)$ 的表达式:

$$\frac{M(t)}{\sqrt{2C_0^2 f_{mo}^2 C_H D_0}} = f(\varphi_{CH}, \varphi_w) =$$

$$\sqrt{\frac{0.0025 - 0.07\varphi_w^2 - H(\varphi_w - 0.18) \times 1.8 \times (\varphi_w - 0.18)^2 + 0.14\varphi_t^2 + H(\varphi_t - 0.16) \times 3.6 \times (\varphi_t - 0.16)^2}{107.65\varphi_{CH}}} \cdot \sqrt{t}$$

$$\tag{2.13}$$

$f(\varphi_{CH})$ 与 $\varphi_{CH}$ 的关系曲线如图 2.3 所示。由图 2.3 知:

(1) 对任一 $\varphi_w$,存在一个 $\varphi_{CH}$ 使得 $f$ 有最小值,记为 $\varphi_{CH,min}$。

(2) $\varphi_w$ 较小时,$f$ 与 $\varphi_{CH}$ 有明显的正相关性;$\varphi_w$ 较大时,$f$ 与 $\varphi_{CH}$ 有明显的负相关性。

(3) 对任一 $\varphi_{CH}$,$\varphi_w$ 越小,则 $f$ 越小。

$\varphi_{CH,min}$ 可以由式(2.13)对 $\varphi_{CH}$ 求导得到:

$$\frac{df(\varphi_{CH}, \varphi_w)}{d\varphi_{CH}} =$$

$$\frac{1}{2f} \cdot \frac{0.14\varphi_{CH}^2 + H(\varphi_w - 0.18) \times 1.8 \times (\varphi_w - 0.18)^2 - 0.0025 - 0.07\varphi_w^2}{\varphi_{CH}^2}$$

$$+ \frac{1}{2f} \cdot \frac{H(\varphi_t - 0.16) \times 3.6 \times (\varphi_{CH}^2 - \varphi_w^2 + 0.32\varphi_w - 0.16^2)}{\varphi_{CH}^2} \tag{2.14}$$

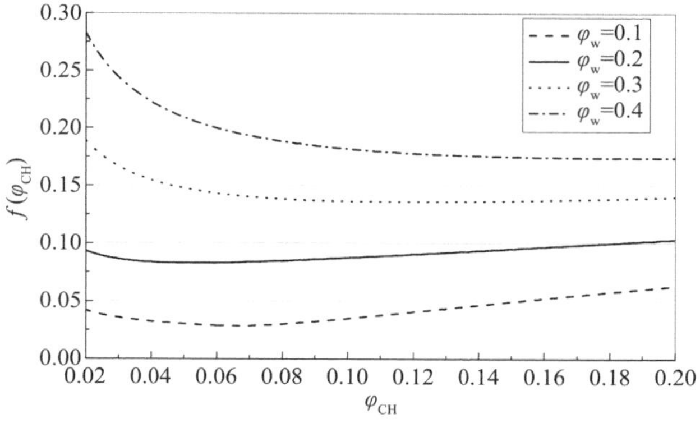

图 2.3　$f(\varphi_{CH})$ 与 $\varphi_{CH}$ 的关系曲线

令式(2.14)右侧为 0,得到:

$$\varphi_{CH} = \sqrt{0.5\varphi_w^2 + 0.017\,8}\,, \qquad\qquad 当\varphi_w < 0.16, \varphi_t < 0.16$$
$$(2.15)$$

$$\varphi_{CH} = \sqrt{0.98\varphi_w^2 - 0.308\varphi_w + 0.025}\,, \qquad 当\varphi_w < 0.18, \varphi_t < 0.16$$
$$(2.16)$$

$$\varphi_{CH} = \sqrt{0.5\varphi_w^2 - 0.135\varphi_w + 0.009\,7}\,, \qquad 当\varphi_w > 0.18, \varphi_t > 0.16$$
$$(2.17)$$

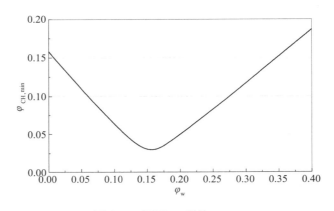

**图 2.4    不同 $\varphi_w$ 时的 $\varphi_{CH,min}$**

图 2.4 再次证实了 $\varphi_{CH}$ 的双重特性,即:

(1) 当 $\varphi_w$ 较大时,若 $\varphi_w$ 增加,为使 $f$ 取得最小值,$\varphi_{CH}$ 必须增大;

(2) 当 $\varphi_w$ 较小时,若 $\varphi_w$ 增加,为使 $f$ 取得最小值,$\varphi_{CH}$ 必须减小。

# 2.4    最优水胶比的计算

在 2.3 节中,$\varphi_{CH}$ 和 $\varphi_w$ 是作为独立变量考虑的。这些性能与 Bentz 使用的 $C_3S$ 水化的方程式有关,如式(2.10)所示,$C_3S$ 的密度采用 $3.2 \times 10^3$ kg/m³。因此 $\varphi_{CH}$ 和 $\varphi_w$ 可以表达为关于 $\alpha$ 和水胶比 $W/C$ 的函数:

$$\varphi_{CH} = \frac{0.191\alpha}{W/C + 0.313} \tag{2.18}$$

$$\varphi_{w} = \frac{W/C - 0.411\alpha}{W/C + 0.313} \tag{2.19}$$

因此：

$$\varphi_{t} = \varphi_{CH} + \varphi_{w} = \frac{W/C - 0.22\alpha}{W/C + 0.313} \tag{2.20}$$

式中：$\varphi_{t}$ 为总孔隙摩尔体积(L/mol)；$\varphi_{CH}$ 为 CH 摩尔体积(L/mol)；$\varphi_{w}$ 为水的摩尔体积(L/mol)；$W/C$ 为水胶比；$\alpha$ 为水化程度。

$\varphi_{CH}$ 和 $\varphi_{w}$ 都可以代入式(2.13)中,得到关于 $\alpha$ 和水胶比 $W/C$ 的函数 $g$。图 2.5 给出了 $\alpha = 0.30$、0.60、0.90 和 1.00 时的 $g(W/C)$ 图像。

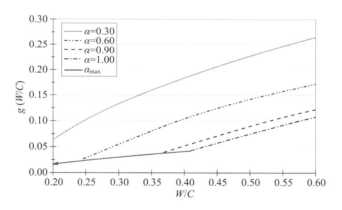

**图 2.5　不同水化程度时的溶蚀阻抗 $g(W/C)$ 与 $W/C$ 的关系**

基于 $\alpha \leqslant W/C$ 除以 0.41 考虑,当 $W/C$ 小于 0.41 时,不可能完全水化(完全水化 $\alpha = 1$),故存在一个最大水化率,记为 $\alpha_{max}$。当 $W/C$ 大于 0.41 时,水化过程可以持续,直至 $\alpha_{max} = 1$。$g(\alpha_{max})$ 也已绘制在图 2.5 中。随着时间和水化过程的进行,对每一个 $W/C$,$g$ 会逐渐下降,直至 $g$ 曲线逼近 $\alpha_{max}$ 或 $\alpha = 1$,这个值记为 $g_{min}$。在实际使用中,显而易见 $W/C$ 越低越好,但是在低水胶比范围内,对应于 $\alpha_{max}$ 的 $g_{min}$ 值之间的差别不大。例如 $W/C$ 在 0.20～0.41 范围内变化时,对应的 $g_{min}$ 变化范围约为 0.025～0.05。也就是说水胶比在 0.41 以下变化时,对 $g_{min}$ 的影响不大。

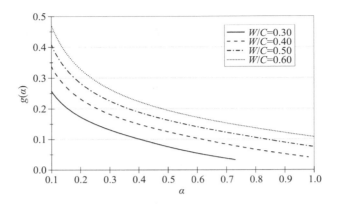

**图 2.6　不同 $W/C$ 时溶蚀阻抗 $g(\alpha)$ 与水化程度 $\alpha$ 的关系**

图 2.6 给出了水胶比在 0.30～0.60 范围内变化时，$g(\alpha)$ 随 $\alpha$ 的变化规律。由图 2.6 显而易见，随着水化过程的进行，$g(\alpha)$ 逐渐减小。另外，如果使用较高的 $W/C$，仅在水化程度足够高时才能降低 $g$ 值。

## 2.5　试验结果

Zamorani 和 Serrini[69] 进行了不同水胶比水泥石的溶蚀试验。试验采用波特兰水泥，60 ℃和 98％RH（相对湿度）养护 11 d 后置于 0.1/cm（试样表面积与软水体积的比值）的软水中进行溶蚀试验。试验结果表明：累计溶出体积分数（Cumulative Fraction Leached，CFR）取决于溶蚀时间平方根 $\sqrt{t}$ 和 $W/C$，与式(2.1)一致。

使用文献中给出的试样密度（g/cm³）和总孔隙率（cm³/g），两者相乘可以计算试样的 $\varphi_w$，代入式(2.19)，得到水化程度 $\alpha$ 的估计值。通过 $\alpha$ 的估计值计算不同 $W/C$ 的 $g$ 值。将计算的 $g$ 值与实测的 CFR 值对比，一致性良好，可见模型有良好的预测性。

## 2.6　矿物掺合料最佳掺量

硅灰（SF）可与水化反应生成的 CH 二次反应，生成 C-S-H，在本章节的计算分析中,硅灰密度选用 $2.2 \times 10^3$ kg/m³,当外掺硅灰时,水化产物中的 CH 与掺合料中的活性二氧化硅(S)发生二次水化反应,生成 C-S-H,考虑如下两种情况:

二氧化硅(S)过量,即水化水泥基材料中尚有未反应的 S 且 $\varphi_{CH}=0$。与之相关各相的孔隙摩尔体积(L/mol)如下:

$$\varphi_{\text{C-S-H}} = \frac{2.868\alpha(1-m)}{3.2(W/B + 0.14m) + 1} \tag{2.21}$$

$$\varphi_{\text{S}} = \frac{1.45m - 0.293\alpha(1-m)}{3.2(W/B + 0.14m) + 1} \tag{2.22}$$

$$\varphi_{\text{w}} = 1 - \frac{(1 + 1.755\alpha)(1-m) + 1.45m}{3.2(W/B + 0.14m) + 1} \tag{2.23}$$

式中:$W/B$ 为水胶比;$m$ 是硅灰占胶材的质量分数(%),$\varphi_{\text{S}}$ 为 S 的摩尔体积(L/mol)。

由定义知,$W/B$ 和 $W/C$ 存在如下转换关系:

$$W/B = (1-m)W/C \tag{2.24}$$

SF 的体积分数 $x$ 与质量分数 $m$ 的对应关系如下:

$$x = \frac{3.2m}{2.2(1-m) + 3.2m} \tag{2.25}$$

式中:3.2 和 2.2 分别为水泥和 SF 的密度($\times 10^3$ kg/m³)。

水化产物中的 CH 过量,S=0,即:

$$0.61(1-x)\alpha > 2.08x \tag{2.26}$$

亦即:

$$m \leqslant \frac{\alpha}{\alpha + 4.96} \tag{2.27}$$

式中:0.61 为单位体积 $C_3S$ 水化之后产生的 CH 体积数;2.08 为单位体积 S 发生二次水化反应所需的 CH 体积数。

当 SF 体积分数满足式(2.26)时,最终试样中将会有 CH 剩余,此时试样中各组分的摩尔体积(L/mol)如下:

$$\varphi_{\text{C-S-H}} = \frac{1.52\alpha(1-m) + 6.67m}{3.2(W/B + 0.14m) + 1} \tag{2.28}$$

$$\varphi_{\text{CH}} = \frac{0.61\alpha(1-m) - 3m}{3.2(W/B + 0.14m) + 1} \tag{2.29}$$

$$\varphi_{\text{w}} = 1 - \frac{(1+1.31\alpha)(1-m) + 3.67m}{3.2(W/B + 0.14m) + 1} \tag{2.30}$$

掺入硅灰后,CSH 和 CH 之间的关系不再遵循式(2.11),因此式(2.12)也将不再适用计算 ANC,需分别计算 $\varphi_{\text{C-S-H}}$ 和 $\varphi_{\text{CH}}$,并代入式(2.2)方可计算 ANC。使用式(2.9)和式(2.28)~式(2.30)计算外掺硅灰试样的 $g(m)$ 值。图 2.7 给出了 $W/B$ 为 0.35、0.40、0.45 和 0.60 时 $g(m)$ 与 $m$ 的关系。$\alpha$ 被选定为 0.70,因为根据式(2.26),当 $m > 0.12$ 时,$\varphi_{\text{CH}} = 0$,即体系中有剩余的 S。

由图 2.7 中可以看出,当硅灰掺量不超过 0.12 时,随着掺量的增加,水化产物中的 C-S-H 逐渐取代 CH,导致更少的 CH 可供溶出,因此溶蚀抵抗力不断提高;以 CH 完全消耗为界,若继续掺加硅灰,对 ANC 则会造成负面影响,因为多余的硅灰可以看作是不参与反应的填料,导致最终的孔隙率增加。因此,如果假定水化程度为 0.7,那么使混凝土材料具有最大的抵抗溶蚀能力的硅灰最佳掺量为 0.12。

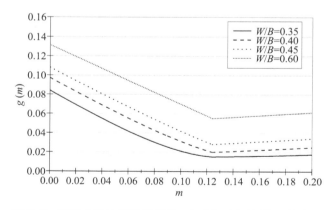

**图 2.7　不同水胶比时溶蚀阻抗 $g(m)$ 与硅灰掺量 $m$ 的关系**

通过同样的方法,可以得出粉煤灰的最佳掺量为 36%。

# 第3章 原材料及试验方案

## 3.1 原材料

### 3.1.1 水泥

水泥为中国水泥厂生产的金宁羊牌 P·Ⅱ42.5 水泥,其化学组分及物理性能分别列于表3.1和表3.2。

表 3.1 水泥的化学组分

| 组分 | SiO_2 | Al_2O_3 | Fe_2O_3 | CaO | MgO | SO_3 | Na_2O | K_2O | TiO_2 | MnO | P_2O_5 | LOI | Σ |
|---|---|---|---|---|---|---|---|---|---|---|---|---|---|
| 含量（%） | 21.70 | 5.09 | 4.32 | 64.64 | 0.92 | 1.08 | 0.21 | 0.53 | 0.14 | 0.10 | 0.05 | 0.87 | 99.65 |

表 3.2 水泥的物理性能

| 密度 (g/m³) | 比表面积 (m²/kg) | 标准稠度用水量(%) | 凝结时间初凝/终凝(min) | | 3 d 强度抗压/抗折(MPa) | | 28 d 强度抗压/抗折(MPa) | |
|---|---|---|---|---|---|---|---|---|
| | | | 初凝 | 终凝 | 抗压 | 抗折 | 抗压 | 抗折 |
| 3.18 | 360 | 26.5 | 135 | 225 | 26.8 | 5.0 | 50.5 | 7.6 |

### 3.1.2 粉煤灰

粉煤灰为南京华能粉煤灰有限责任公司生产的江山牌Ⅰ级粉煤灰。粉煤灰的化学组分及物理性能分别列于表3.3和表3.4。

表 3.3 粉煤灰的化学组分

| 组分 | SiO_2 | Al_2O_3 | Fe_2O_3 | CaO | MgO | SO_3 | Na_2O | K_2O | TiO_2 | MnO | P_2O_5 | LOI | Σ |
|---|---|---|---|---|---|---|---|---|---|---|---|---|---|
| 含量(%) | 46.45 | 30.35 | 3.98 | 3.18 | 6.38 | 0.40 | 0.61 | 1.37 | 1.19 | 0.09 | 0.58 | 4.81 | 99.39 |

表 3.4  粉煤灰的物理性能(%)

| 项目 | 级配 | | | 测定值 |
|---|---|---|---|---|
| | Ⅰ | Ⅱ | Ⅲ | |
| 细度(45 μm) | ≤12 | ≤25 | ≤45 | 8.5 |
| 需水量比 | ≤95 | ≤105 | ≤115 | 94 |
| 烧失量 | ≤5 | ≤8 | ≤15 | 4.81 |
| 含水量 | ≤1 | | | 0.04 |

注:表中粉煤灰级配数据出版《用于水泥和混凝土中的粉煤灰》(GB/T 1596—2005)。

## 3.1.3  水

水为南京市自来水,满足《混凝土用水标准》(JGJ 63—2006)要求。

## 3.1.4  减水剂

减水剂为南京瑞迪高新技术有限公司生产的 HLC-NAF6 高效减水剂。减水剂的减水率≥15%。

## 3.1.5  骨料

细骨料为南京市河砂。河砂的物理性能列于表 3.5。粗骨料为南京市碎石,粒径为 5~10 mm。

表 3.5  河砂的物理性能

| 表观密度(kg/m³) | 细度模数 | 级配 | 含泥量(%) | 泥块含量(%) |
|---|---|---|---|---|
| 2 595 | 2.39 | Ⅲ | 0.65 | 0.45 |

# 3.2  样品制备

## 3.2.1  配合比

参照实际工程中常用的配合比范围制备水泥和单掺粉煤灰水泥两个系列的净浆试样。水泥基材料中掺入粉煤灰的效果与粉煤灰的掺入方式有关,常用的方式有:等量取代水泥法、超量取代水泥法和外加法。本书选用常用的等量取代水泥法。粉煤灰的掺量和细度对硬化水泥基材料的水化程度、水化产物中 $Ca(OH)_2$ 含量、化学结合水含量、强度、孔结构和扩散性能等都有直接或间接的影响[70-89]。粉煤灰掺量范围为 $10\%\sim55\%$，基本涵盖了实际工程中常用的粉煤灰掺量范围。因工程中经常采用 $30\%$ 的粉煤灰掺量，故 FA30 组水泥石试样的水胶比为 $0.30\sim0.60$，与 PC 组试样相同。

0.30 PC 试样的减水剂掺量为水泥质量的 $0.24\%$，0.30 FA30 试样的减水剂掺量为水泥和粉煤灰质量之和的 $1.2\%$，其余各组不掺减水剂。

试样配合比见表 3.6。

**表 3.6　试样的配合比**

| 试样 | 水泥含量(%) | 粉煤灰掺量(%) | 水胶比 |
|------|------------|--------------|--------|
| PC | 100 | 0 | 0.30,0.40,0.50,0.60 |
| FA10 | 90 | 10 | 0.50 |
| FA30 | 70 | 30 | 0.30,0.40,0.50,0.60 |
| FA40 | 60 | 40 | 0.50 |
| FA55 | 45 | 55 | 0.50 |

## 3.2.2　试样制备

将水泥及粉煤灰在搅拌机中干搅 1 min，将外加剂与水均匀混合，在干搅过程中均匀加入，继续搅拌 2 min，然后浇注成型 40 mm×40 mm×160 mm 棱柱体试样和直径 $\phi$50 mm×100 mm 圆柱体试样，水泥净浆浇注成型后，用保鲜膜覆盖表面，带模养护 24 h 拆模，随后放入饱和 $Ca(OH)_2$ 溶液中养护，养护至 91 d 时，将所有试样按数量平均分为以下两组：

（1）溶蚀组

溶蚀组试样置入装满 6 mol/L $NH_4Cl$ 溶液的水箱中，进行加速溶蚀试验。在溶蚀组试样中：所有圆柱体试样的顶面和底面都使用环氧树脂封涂，阻止 Ca 从此两面溶出；三点弯曲试验中所用棱柱体试样的端面使用环氧树脂封涂；孔隙率试验中所用的棱柱体试样不封涂环氧树脂。

（2）对照组

对照组试样仍然置入饱和 $Ca(OH)_2$ 溶液中养护，不封涂环氧树脂。

以上两组试样溶蚀或养护至特定的龄期后，分别按 3.3 节和 3.4 节中所述方法进行各项试验。

## 3.3 加速溶蚀方法

### 3.3.1 加速溶蚀介质

#### 3.3.1.1 常用加速溶蚀介质

水泥基材料在纯水或去离子水中的溶蚀速度是非常缓慢的。加速试验克服了常规溶蚀试验时间长的缺点,能在较短时间内获得高度溶蚀的试样,为分析溶蚀试样的劣化过程和揭示溶蚀机理提供了便利条件。许多研究者采用酸溶液或强酸弱碱盐溶液作为溶蚀介质来加速溶蚀过程。

此类方法中应用最广的是利用一定浓度的硝酸铵($NH_4NO_3$)溶液作为溶蚀介质[2,15,22-27]。用 $NH_4NO_3$ 溶液代替去离子水溶蚀水泥基材料时,如果不考虑钙矾石的溶解过程,总的溶蚀过程是等价的[21]。此外,Hidalgo 等[28]使用 1 mol/L 的硝酸($HNO_3$)溶液加速水泥石的溶蚀过程,并借助红外光谱和差热分析等手段对溶蚀试样进行了研究。Bertron 等[29]使用有机酸模拟液体肥料和青贮污水对水泥基材料的侵蚀作用,通过 X 射线衍射(XRD)和反向散射电子(BSE)成像分析研究了水泥石的溶蚀过程。

#### 3.3.1.2 $NH_4Cl$ 溶液和 HCl 溶液的对比试验研究

本小节通过试验研究混凝土试样在氯化铵($NH_4Cl$)溶液和盐酸(HCl)溶液这两种溶蚀环境下的性能劣化特征。

成型直径 $\Phi50$ mm$\times100$ mm 圆柱体混凝土试样,配合比如表 3.7 所示。混凝土浇筑后带模养护 24 h,拆模后放入饱和 $Ca(OH)_2$ 溶液中养护至 28 d时,将所有试样分为溶蚀组和对照组。溶蚀组试样分别浸入 6 mol/L 的 $NH_4Cl$溶液和质量分数为 5% 的 HCl 溶液中进行加速溶蚀;对照组试样仍放置于饱和 $Ca(OH)_2$ 溶液中。在特定的溶蚀时间,分别进行溶蚀深度测定和抗压强度试验。试验方法及试验数据的处理方法详见后续各相关章节。在此仅将试验结果分别列于图 3.1(a)、图 3.2(a)和图 3.3(a)中。

**表 3.7　圆柱体混凝土试样配合比**

| 项目 | 水(kg) | 水泥(kg) | 砂(kg) | 石(kg) | 砂率(%) | 水胶比 |
|------|--------|----------|--------|--------|---------|--------|
| 数值 | 220 | 477 | 649 | 992 | 39.50 | 0.46 |

（1）$NH_4Cl$ 溶液和 HCl 溶液对溶蚀深度影响的比较

图 3.1(a)给出了不同溶蚀介质中混凝土试样溶蚀深度与溶蚀时间平方根的关系，图 3.1(b)～图 3.1(d)引自公开发表的文献，给出了不同水泥基材料在不同溶蚀介质中的溶蚀深度因时变化曲线。比较图 3.1(a)与图 3.1(b)可知，若不考虑砂石骨料这一因素的影响，$NH_4Cl$ 溶液的溶蚀速度（相同溶蚀时间时的溶蚀深度）大约为纯水的 6 倍，而 HCl 溶液的溶蚀速度大约为纯水的 12 倍，因此 $NH_4Cl$ 溶液的溶蚀速度要低于 HCl 溶液的溶蚀速度；图 3.1(c)中

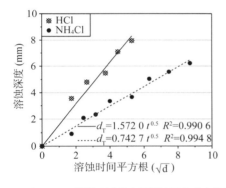

（a）$W/C=0.46$ 混凝土试样在不同溶蚀介质中溶蚀

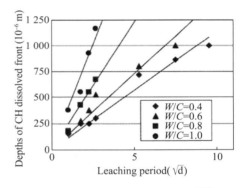

（b）水泥石试样在去离子水中溶蚀[41]

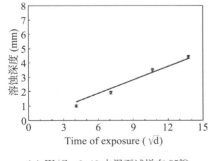

（c）$W/C=0.40$ 水泥石试样在 85℃
纯净水中溶蚀[13]

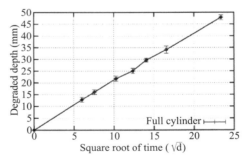

（d）$W/C=0.60$ 混凝土试样在 $NH_4NO_3$
溶液中溶蚀[22]

**图 3.1　不同环境中溶蚀深度与溶蚀时间平方根的关系**

由于提高了溶蚀介质的温度,因此溶蚀速度得到了提高,略低于 $NH_4Cl$ 溶液的溶蚀速度;图 3.1(d)使用 $NH_4NO_3$ 溶液作为溶蚀介质,加速效果非常明显,约为 $NH_4Cl$ 溶液的 3 倍,甚至超过了 HCl 溶液的溶蚀速度,但是试样的 $W/C$ 值较大,也是造成这种现象的一个因素。由图 3.1 中 4 幅图的相互比较可知,对水泥基材料而言,$NH_4Cl$ 溶液和 HCl 溶液具有良好的加速溶蚀效果,且两者对溶蚀深度的影响规律与纯水、去离子水以及广泛使用的 $NH_4NO_3$ 溶液的影响规律相似。

(2)$NH_4Cl$ 溶液和 HCl 溶液对抗压强度损失率影响的比较

图 3.2(a)给出了不同溶蚀介质中混凝土溶蚀试样的抗压强度损失率与溶蚀程度的关系。由图中可以看出,$NH_4Cl$ 溶液的溶蚀速率明显低于 HCl 溶液的溶蚀速率。根据对试验数据的线性拟合,在 $NH_4Cl$ 溶液中完全溶蚀的混凝土试样,其抗压强度损失率为 76.52%,而在 HCl 溶液中完全溶蚀的混凝土试样,抗压强度损失率在数值上大于 100%,因此无实际意义。造成这种现象的原因与 HCl 溶液的侵蚀机理有关,因为 HCl 溶液除了溶出作用,还会直接与水化产物发生化学反应,直接导致水化产物的快速溶解。这种现象不仅可以从试验现象中观察到,也可从图 3.3(a)中得到解释。图 3.2(b)引自文献[2],比较图 3.2(a)和图 3.2(b)可知,在 $NH_4Cl$ 溶液中和 HCl 溶液中,溶蚀试样抗压强度损失率表现出来的规律与在 $NH_4NO_3$ 溶液中的规律相似。

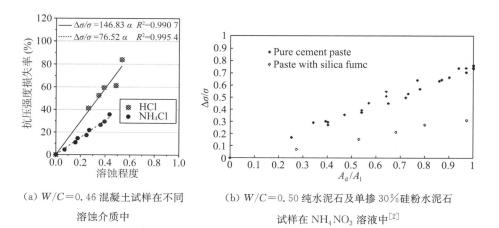

(a)$W/C=0.46$ 混凝土试样在不同　　　(b)$W/C=0.50$ 纯水泥石及单掺 30% 硅粉水泥石
　　溶蚀介质中　　　　　　　　　　　试样在 $NH_4NO_3$ 溶液中[2]

**图 3.2　溶蚀试样抗压强度损失率与溶蚀程度的关系**

（3）HCl 溶液对质量损失率的影响

图 3.3(a)反映了 HCl 溶液中混凝土试样质量损失率与溶蚀时间的关系，实质上反映了水化产物质量损失率与溶蚀时间的关系。由图中可以看出：HCl 溶液对混凝土试样的溶蚀十分严重，在 14 d 时混凝土试样的质量损失率已经超过了 5%，20 d 时已经达到 6.3%。在溶蚀的后期，随着试样中 Ca$^{2+}$ 的不断溶出，水化产物开始逐渐丧失胶结能力，细骨料剥落，粗骨料外露，导致力学性能测试时的承压面减小，因此图 3.2(a)中 HCl 环境下的抗压强度损失率大于 100%。比较图 3.3(a)和图 3.3(b)试验数据可知：在 HCl 溶液中溶蚀试样质量损失率表现出来的规律与试样在 NH$_4$NO$_3$ 溶液中的规律相似。

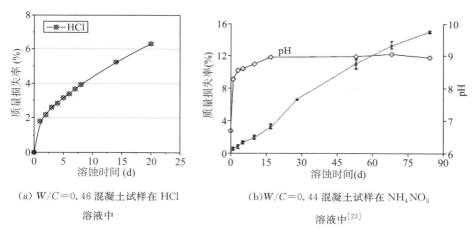

（a）$W/C=0.46$ 混凝土试样在 HCl 溶液中　　　　（b）$W/C=0.44$ 混凝土试样在 NH$_4$NO$_3$ 溶液中[23]

**图 3.3　溶蚀试样质量损失率与溶蚀时间的关系**

（4）NH$_4$Cl 溶液和 HCl 溶液对水化产物微观形貌和元素含量影响的比较

从遭受 NH$_4$Cl 溶液和 HCl 溶液溶蚀 14 d 的混凝土试样中取出水泥石样品，通过扫描电子显微镜，观察水泥石微观结构和水化产物的劣化情况，分别如图 3.4(a)和图 3.4(b)所示。结合 SEM 测试，垂直于 Ca(OH)$_2$ 的溶解峰线，进行 EDS 测试，得到 Ca、Si 和 Al 元素的含量与溶蚀深度的关系，如图 3.5(a)所示。图 3.5(b)引自文献[21]，给出了水泥石试样在 NH$_4$NO$_3$ 溶液中溶蚀 1 d 时 Ca、Si 和 Al 三种元素含量随溶蚀深度变化的规律。

（a）NH₄Cl 溶液

（b）HCl 溶液

**图 3.4　不同溶蚀介质中溶蚀试样水化产物的 SEM 照片**

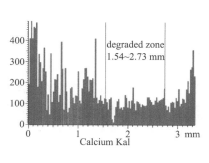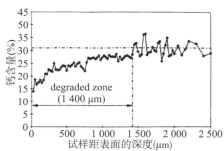

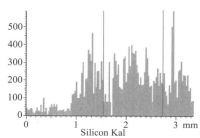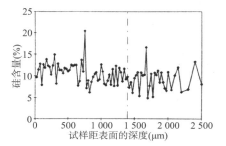

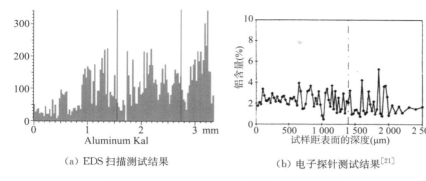

|(a) EDS 扫描测试结果|(b) 电子探针测试结果[21]|

**图 3.5　不同溶蚀深度 Ca、Si 和 Al 元素含量**

比较图 3.5(a)和图 3.5(b)可知：$NH_4Cl$ 溶液和 $NH_4NO_3$ 溶液本质上都会导致溶蚀区域 Ca 元素的溶出，且 Ca 元素在两种溶蚀环境下变化的规律相似。

### 3.3.1.3　加速溶蚀介质的选定

$NH_4Cl$ 溶液与纯水对水泥基材料的侵蚀机理比较类似，主要为溶出性侵蚀；而 HCl 溶液除了溶出性侵蚀，还存在溶解性侵蚀。通过本节的试验研究方法及数据分析可以看出，两者对水泥基材料的溶蚀深度和力学性能影响规律类似，仅溶蚀速率有明显的不同。现分析各种溶蚀介质的特性如下：

（1）纯 $NH_4NO_3$ 在常温下是稳定的，对打击、碰撞或摩擦均不敏感；但在高温、高压和有可被氧化的物质（还原剂）存在及电火花下会发生爆炸。$NH_4NO_3$ 受强烈震动也会起爆，遇可燃物着火时，能助长火势[90]。因此实验室使用 $NH_4NO_3$ 作为原材料具有极大的危险性；从安全性出发，需要寻求一种更合适的加速溶蚀介质。

（2）HCl 溶液的加速溶蚀效果十分明显。在溶蚀初期，各项性能指标的变化规律与在 $NH_4NO_3$ 溶液中的规律相似，表现良好；但是在溶蚀后期，溶解性侵蚀的作用逐渐占据主导地位，表现为试样中的水化产物迅速溶解，导致水泥基材料组织结构的破坏，各项性能也随之呈现出复杂的劣化规律。如：在溶蚀后期很难准确测定溶蚀试样的横截面积以及体积，因此也就很难得到试样的抗压强度和孔隙率等指标的准确值。加速溶蚀的最终目的是在短期内获得高度溶蚀的试样，HCl 溶液符合要求，但是 HCl 溶液在溶蚀后期的可控性极差。

（3）$NH_4Cl$ 溶液的加速溶蚀效果比较明显，虽然溶蚀速度稍慢于 $NH_4NO_3$ 溶液，但是各项性能指标的变化规律与在 $NH_4NO_3$ 溶液中的规律相似,表现良好。

综上所述,在对水泥石溶蚀试样进行系统研究时,选定 $NH_4Cl$ 溶液作为加速溶蚀介质。

### 3.3.2  溶蚀制度

一些研究[50,91-92]认为 C－S－H 凝胶只有在 $Ca(OH)_2$ 完全溶解之后才会溶解,即两种水化产物不会同时溶解。同时,也有一些研究[93-94]认为 C－S－H 凝胶不需要等到 $Ca(OH)_2$ 完全溶解之后才能溶解,C－S－H 凝胶与 $Ca(OH)_2$ 是否同时溶解取决于溶蚀介质与溶蚀试样的质量比或体积比。比值较小(小于某一临界值)时,$Ca(OH)_2$ 首先溶解;比值较大(大于某一临界值)时,C－S－H 凝胶与 $Ca(OH)_2$ 将会同时溶解。但是这个临界值并非常量,而是一个与试样的比表面积有关的变量。

Kamali 等[13]使用 480 g/L 的 $NH_4NO_3$ 溶液对水泥石试样进行加速溶蚀试验,如图 3.6(a)所示。格栅是为了保证试样受到均匀的溶蚀作用,而氮气泡和水箱顶盖则是为了防止溶液和空气中的 $CO_2$ 对试样的碳化作用。由于 $NH_4NO_3$ 溶液的体积远大于试样体积,因此试验过程中不更换 $NH_4NO_3$ 溶液。Nguyen 等[22]使用 480 g/L 的 $NH_4NO_3$ 溶液对水泥石、砂浆和混凝土试样进行加速溶蚀试验,试验装置如图 3.6(b)所示。试验过程中只要 pH 值不超过 8.2,就不用更新 $NH_4NO_3$ 溶液,而温度和 pH 值可由安放在水箱上方的数据采集系统给出。Jitendra 等[95]使用已经去除 $CO_2$ 的去离子水对水泥石试样进行溶蚀试验,由于去离子水的体积远大于试样体积,因此试验过程中也不更换去离子水。

由于粉煤灰的二次水化作用,单掺粉煤灰水泥石早期的强度小于纯水泥石,而后期强度会逐渐赶上甚至超过纯水泥石。另外,由于粉煤灰的密度小于水泥,所以早期单掺粉煤灰水泥石的孔隙率小于纯水泥石;在中期,随着水泥颗粒的逐渐水化,纯水泥石的孔隙逐渐被填满,纯水泥石的孔隙率不断减小,直至小于单掺粉煤灰水泥石;在后期,粉煤灰的二次水化发挥了补偿作用,使得单掺粉煤灰水泥石的孔隙率与纯水泥石相当。

综上,采用 6 mol/L 的 $NH_4Cl$ 溶液进行加速溶蚀,溶液与试样的体积比为 10∶1,每隔 30 d 将全部溶液更换一次。水箱内充满溶液并加盖密封,避免 $CO_2$ 对试样的碳化作用。

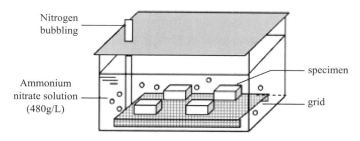

（a）为了避免水中 $CO_2$ 的影响，向溶液中通入氮气泡[13]

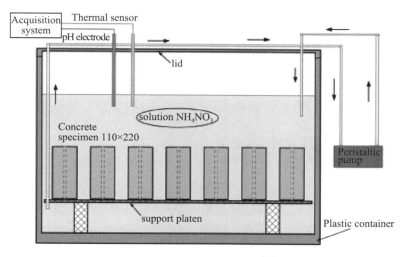

（b）使用 pH 计调控溶蚀试验[22]

**图 3.6　水泥基材料在 $NH_4NO_3$ 溶液中的溶蚀装置示意图**

# 3.4　溶蚀特性试验研究

## 3.4.1　基于溶蚀过程的水泥基材料物理性能劣化试验研究

（1）溶蚀深度

用切割机沿溶蚀试样直径方向将其剖开，显露出沿溶蚀方向的剖面。借助放大镜观察并使用游标卡尺测溶蚀试样的溶蚀深度。然后在待测剖面喷洒浓度为 1% 的酚酞酒精试液（简称酚酞试液），使用酚酞试液法测溶蚀试样的表象溶蚀深度，分析不同配合比水泥石溶蚀深度的劣化规律。

（2）孔隙率

孔隙率的测定方法主要有压汞法和真空干燥法[95-110]，不管采用哪种方法，在制备试样时有不同的干燥方法和干燥温度[111-122]，其中使用最为广泛的是真空干燥至 105 ℃[102-104,108]。有的干燥方法会与水化产物发生反应导致试样的孔结构发生改变[123-125]，关于此问题的争论和研究一直存在[126-127]。本书采用真空干燥法按如下步骤测定试样的孔隙率：取出溶蚀至特定龄期的试样并将其表面擦干，放入真空干燥箱中恒温 105 ℃干燥 24 h，取出后冷却至室温，测得干燥质量 $m_1$，之后将该试件浸入水中使其充分吸水，24 h 后取出测得饱和面干质量 $m_2$。$m_2$ 与 $m_1$ 的差值正是由于水泥石中的孔隙被水所填充而引起的，所以可以将这个差值转化成为初始体积的百分比，由此可得到试样的孔隙率。对照组试样的孔隙率测定方法与溶蚀组相同。

### 3.4.2　基于溶蚀过程的水泥基材料力学性能劣化试验研究

（1）单轴抗压强度及弹性模量

将圆柱体溶蚀试样与对照试样取出，擦干表面水分，在 CSS—44100 型电子万能试验机上进行加载。加载速率控制为 0.10 m/min，承受压力达到峰值之后逐渐调整至 0.05 mm/min，读数精确至 0.001 kN，直至试样破坏。试样的单轴抗压强度（简称抗压强度）由极限破坏荷载得到，试样的弹性模量由破坏荷载的 5％ 和 40％分别对应的变形量得到。分析抗压强度和弹性模量随溶蚀过程的劣化规律，建立不同配合比水泥石抗压强度损失率以及弹性模量损失率的预测模型。

（2）三点弯曲强度

将棱柱体溶蚀试样与对照试样取出，擦干表面水分，放置于 CSS—44100型电子万能试验机的支座上，支座跨度为 100 mm。在梁的跨中部位施加一个集中荷载，直至试样破坏。试样的三点弯曲强度由极限破坏荷载得到。分析抗弯强度随溶蚀过程的劣化规律，建立不同配合比水泥石抗弯强度损失率的预测模型。

（3）显微维氏硬度

用切割机沿溶蚀试样直径方向将其剖开，显露出沿溶蚀方向的剖面。为了便于测试维氏压痕的大小，先用 800 目砂纸打磨试样剖面，然后用 1 200 目砂纸打磨，直至试样在显微维氏硬度计的显微镜下为光滑、平顺状态。使用显微维氏硬度计 HDX—1000TC 对溶蚀水泥石试样进行显微维氏硬度（简称维氏硬度）测定。从圆形剖面的最外侧沿直径方向每隔 2.5 mm 测取一组 6 个维氏硬度的数值，该点的维氏硬度为 6 个测值的平均值。

### 3.4.3　微观试验研究

微观试验采用扫描电子显微镜（Scanning Electron Microscope，SEM）和能量色散 X 射线谱（Energy Dispersive X-Ray Spectroscopy，EDS）。

从溶蚀 14 d 的 0.50 PC 试样中取出同时包含完好区域和溶蚀区域的小块颗粒作为样品，使用 HITACHI S—3400N 型扫描电子显微镜进行 SEM 测试，结合 SEM 测试结果，垂直于试样溶解峰线，进行 EDS 测试。

## 3.5　本章小结

本章测试了 6 mol/L 的 $NH_4Cl$ 溶液和质量分数为 5% 的 HCl 溶液对混凝土试样的溶蚀效果，在此基础上设计了 $NH_4Cl$ 溶液的合理溶蚀制度，得到的主要结论如下：

$NH_4Cl$ 溶液会导致溶蚀区域 Ca 元素的溶出，与纯水或 $NH_4NO_3$ 溶液对水泥基材料的溶蚀效果非常相似。除此之外，溶蚀深度与抗压强度损失率的变化规律也与在纯水或 $NH_4NO_3$ 溶液中的相似。

综合上述结果，$NH_4Cl$ 溶液具有与 $NH_4NO_3$ 溶液相似的加速溶蚀效果，仅溶蚀速度略低，在试验中用作加速溶蚀介质是可行的。考虑到 $NH_4NO_3$ 这种化学试剂具有潜在的危险性，如果操作不当极易引起安全事故，因此 $NH_4Cl$ 溶液更适宜作为水泥基材料的加速溶蚀介质。

# 第4章 水泥石的溶蚀过程研究

## 4.1 引言

溶蚀试样或者结构物的许多溶蚀特性都取决于溶蚀程度,溶蚀程度可由溶蚀深度经过简单的推算得出。目前常用$Ca(OH)_2$溶解峰线法来测定溶蚀试样的溶蚀深度。该方法系借助放大镜或者显微镜,通过游标卡尺直接测量$Ca(OH)_2$溶解峰线距试样表面的距离,该距离即溶蚀试样的溶蚀深度。另外,也有学者利用溶蚀过程使水泥石中性化这一特性,将可以显色的酚酞试液喷洒在溶蚀试样的剖面,通过测量酚酞试液变色界线距溶蚀试样表面的距离,获得溶蚀试样的表象溶蚀深度。值得注意的是,表象溶蚀深度并不等同于溶蚀深度,但是两者之间存在着一定的关系。

离子在材料中的扩散性能与材料本身的孔隙率和孔结构有着密切的关系[85,128-135]。随着溶蚀过程的进行,水泥石中的$Ca(OH)_2$不断溶出,C-S-H凝胶逐渐脱钙,导致材料的孔隙率不断增大。研究表明,受到软水侵蚀作用的水泥石试样,其孔隙率的增加量大致与$Ca(OH)_2$体积分数的减少量相当。这说明溶蚀水泥基材料孔隙率的增加主要是由于$Ca(OH)_2$的溶出造成的,而C-S-H凝胶等水化产物的脱钙对孔隙率的影响很小。因此,当掺入外掺料如粉煤灰、硅粉等时,由于二次水化作用会消耗水化产物中的$Ca(OH)_2$,从而降低了水泥石中可供溶出的$Ca(OH)_2$总量,对材料的抗溶蚀耐久性是有利的。但对于长期遭受溶蚀破坏的水泥基材料,C-S-H凝胶的脱钙对孔隙率的影响并非可以完全忽略。

本章首先总结水泥石在溶蚀过程中发生的物理化学进程,由此引出溶蚀深度的定义。接着对不同水胶比和粉煤灰掺量的水泥石试样进行加速溶蚀试验,测定不同配合比水泥石在特定时间时的溶蚀深度和表象溶蚀深度,分析两者随溶蚀时间的变化规律,并在此基础上对两者之间的关系进行研究。最后使用真空干燥法对不同溶蚀时期试样的孔隙率进行测定,对孔隙率及其增量进行线性回归分析。

# 4.2　物理化学进程

## 4.2.1　离子扩散机制

离子迁移的研究最初是针对早期混凝土在氯离子环境下的劣化而进行的。早期模型通常局限于描述饱和 $Ca(OH)_2$ 的混凝土中单一离子(如 $Cl^-$)的扩散过程,后来逐渐进化为解释非饱和 $Ca(OH)_2$ 体系中复杂的离子扩散过程。除此之外,一些考虑多种离子在扩散机制以及其他迁移机制(transport mechanism)[如水分在湿度梯度(humidity gradient)影响下的运动]下运动的模型逐渐被提出。

通常使用孔隙等级(pore level)的质量守恒定律来描述离子的迁移机制。在孔隙等级下,通常假定离子的迁移受到两种现象的共同作用,即电化学势梯度(electro-chemical potential gradient)和对流作用(advection)[136-137]:

$$j_i = -\underbrace{\frac{D_i^0}{RT} c_i \, \mathbf{grad}(\mu_i)}_{\text{electro-chemical}} + \underbrace{c_i \boldsymbol{v}}_{\text{advection}} \tag{4.1}$$

式中: $D_i^0$ 为自由水中的扩散系数; $R$ 为理想气体常数; $T$ 为温度; $\mu_i$ 为电化学势梯度; $c_i$ 为 $i$ 离子的浓度; $\boldsymbol{v}$ 为液相的流速。电化学势梯度 $\mu_i$ 定义为:

$$\mu_i = \mu_i^0 + RT\ln(\gamma_i c_i) + z_i F\psi \tag{4.2}$$

式中: $\mu_i^0$ 为基准层(reference level)电化学势梯度; $\gamma_i$ 为化学活度系数(chemical activity coefficient); $z_i$ 为 $i$ 离子的化合价位数; $\psi$ 为电化学势能。将式(4.2)代入式(4.1),得[138]:

$$j_i = -D_i^0 \mathbf{grad}(c_i) - \frac{D_i^0 z_i F}{RT} c_i \mathbf{grad}(\psi) - D_i^0 c_i \mathbf{grad}(\ln\gamma_i)$$
$$- \frac{D_i^0 c_i \mathbf{grad}(\ln\gamma_i)}{T} \mathbf{grad}(T) + c_i \boldsymbol{v} \tag{4.3}$$

式(4.3)右边每一项都对应着一种迁移机制。第一项通常被称为扩散项(diffusion term)或者菲克定律,用来描述离子在浓度梯度(concentration gradient)下的运动。含有电化学势能的第二项负责维持孔隙溶液的电中性(electroneutrality)。第三项被称为化学活度项,是孔隙溶液中离子强度较高时流量的修正项。含有温度 $T$ 的第四项被称为 Soret 效应,它用来描述温度梯度对离子迁移的影响。式(4.2)和式(4.3)中的化学活度项可以通过化学活度系数 $\gamma_i$ 与溶液中的浓度的关系式来估算。经典的电化学模型如 Debye-Hückel 关系或者广义 Debye-Hückel 关系适用于离子强度(ionic strength)大约在 100 mmol/L 左右的弱电解质,但 Davies 修正(Davies correction)能用来描述浓度高达 300 mmol/L 的溶液[139]。混凝土孔隙溶液的离子强度超过 $i$ 离子的 300 mmol/L[140],能到 900 mmol/L[141]。Samson 等[142]在 Davies 模型的基础上进行改进,使其适用于计算离子浓度为 1 mol/L 溶液的化学活度系数:

$$\ln\gamma_i = \frac{-Az_i^2\sqrt{I}}{1+a_iB\sqrt{I}} + \frac{(0.2-4.17\times10^{-5}I)Az_i^2I}{\sqrt{1\,000}} \tag{4.4}$$

式中:$A$ 和 $B$ 为温度相关参数;$a_i$ 为离子相关参数;$Z_i$ 为 $i$ 离子的化合价位数。

为了得到全迁移方程(complete transport equation),将式(4.3)代入质量守恒方程,得到[143]:

$$\frac{\partial c_i}{\partial t} + \mathrm{div}(j_i) + r_i = 0 \tag{4.5}$$

式中:$r_i$ 为由于溶液中的络合反应而产生的反应程度项(reaction rate term)。例如 $Ca(OH)^+$ 的生成就是由于络合反应:$Ca^{2+}+OH^- \rightleftharpoons Ca(OH)^+$。

由式(4.3)和式(4.5)得到孔隙等级下水相中的全离子迁移方程:

$$\frac{\partial c_i}{\partial t} - \mathrm{div}\left[\begin{array}{l} D_i^0\,\mathbf{grad}(c_i) + \dfrac{D_i^0 z_i F}{RT}c_i\,\mathbf{grad}(\psi) + D_i^0 c_i\,\mathbf{grad}(\ln\gamma_i) \\[3mm] + \dfrac{D_i^0 c_i\,\mathbf{grad}(\ln\gamma_i)}{T}\,\mathbf{grad}(T) - c_i\vec{v} \end{array}\right] + r_i = 0 \tag{4.6}$$

但是现阶段在孔隙等级下建立离子迁移模型几乎是不可能的,因为需要清楚整个孔隙体系的几何形态。借助均化方法(homogenization or averaging technique)，将式(4.6)在表征单元体(representative elementary volume)上积分，得到在材料等级下的方程式[138]：

$$\frac{\partial(\theta_s C_i^s)}{\partial t} + \frac{\partial(wC_i^s)}{\partial t} - \text{div} \begin{vmatrix} D_i w\,\textbf{grad}(c_i) + \dfrac{D_i z_i F}{RT} wC_i\,\textbf{grad}(\psi) \\ + D_i wC_i\,\textbf{grad}(\ln\gamma_i) \\ + \dfrac{D_i C_i\,\textbf{grad}(\ln\gamma_i)}{T} w\,\textbf{grad}(T) - C_i\textbf{V} \end{vmatrix} + wR_i = 0$$

(4.7)

式中：大写的参数表示与式(4.6)中相对应小写参数的平均值。均化过程引入容积含水量(volumetric water content)$w$，除此之外，方程中还增加了含有固相分数(solid fraction)$\theta_s$和离子 $i$ 的含量 $C_i^s$ 的一项，这一项通常可以用来模拟水泥基材料的固相水化产物与孔隙溶液之间的化学反应。

## 4.2.2　液相中离子的扩散和局部化学平衡

水泥基材料的孔隙溶液中含有大量的离子，如 $Ca^{2+}$、$OH^-$、$Na^+$ 和 $K^+$，因此当水泥基材料与纯水或者软水接触时，会在材料表面和内部的孔隙溶液之间形成浓度梯度。该浓度梯度导致离子以扩散的形式发生迁移。除此之外，它还打破了原本占据主导地位的孔隙溶液与固相水化产物之间的化学平衡，导致固相水化产物的溶解。因此，水泥基材料的溶蚀过程是由扩散和溶解两种机制联合作用所导致的，溶蚀过程的动力学特性取决于两种现象各自的动力学特性[45,144]。

许多研究[9,145]证实了关于钙的局部化学平衡(local chemical equilibrium)（固相中钙浓度与液相中钙浓度之间的平衡关系）与水泥石溶蚀过程的相关性。局部化学平衡只有在扩散的动力学特性慢于材料内部化学反应的动力学特性时才能维持。在这种情况下，材料与外部溶液接触的表面形成一层溶解度极小的表面层，该表面层不随时间的变化而溶解，被称为固相-液相界面(solid-liquid interface)。扩散过程发生在这个固定的固相-液相界面和不断向材料内部移动的扩散峰之间。扩散过程的动力学特性随着时间的增长逐渐变得缓慢，在经过短暂的时间后，材料的内部就满足了局部化学平衡所需的必要条件，从而局部化学平衡就可以建立起来了。许多学者[144-145]通过建立模型对这一过程进行了研究。研究表明，溶蚀深度和一些物质的溶出量都与溶蚀时间的平方根成正比。

水泥基材料所有水化产物中均含钙离子,孔隙溶液中的钙离子参与了所有相关的化学平衡,因此钙离子的浓度是表征材料在溶蚀过程中各项性能劣化规律的一项重要参数。图 4.1 给出了固相水化产物中 Ca/Si 与孔隙溶液中 $Ca^{2+}$ 浓度的函数关系。当水泥基材料遭受溶蚀时,可以通过上述函数关系由固相水化产物的 Ca/Si 推算液相中 $Ca^{2+}$ 浓度。

图 4.1 所反映的局部化学平衡可用一条分段曲线描述。第一阶段(图中右侧所示 CH+C-S-H domain 区域)与 $Ca(OH)_2$ 的溶解相关联,而第二阶段(图中中部所示 C-S-H domain 区域)与 C-S-H 凝胶的部分脱钙相关联。当孔隙溶液中的 $Ca^{2+}$ 浓度较高(如 20 mmol/L)时,$Ca(OH)_2$ 与 C-S-H 凝胶都是稳定存在的。随着孔隙溶液中的 $Ca^{2+}$ 浓度不断降低直至某个临界值(如 19 mmol/L[53])时,$Ca(OH)_2$ 首先发生溶解,当 $Ca(OH)_2$ 完全溶解之后,局部化学平衡受 C-S-H 凝胶控制。当孔隙溶液中的 $Ca^{2+}$ 浓度继续降低至某一临界值(如 1.9~2 mmol/L[53])时,C-S-H 凝胶完全脱钙,生成无任何胶结性能的 S—H 胶体[146]。

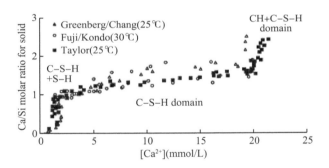

**图 4.1 软水溶蚀作用下 $C_3S$ 水泥石固相水化产物中 Ca/Si
与孔隙溶液中 $Ca^{2+}$ 浓度的函数关系**

图 4.2 给出了 $C_3S$ 水泥石溶蚀区域的固相 Ca/Si。由图 4.1 知,在 $C_3S$ 水泥石的溶蚀区域,Ca/Si 是连续递减的,因此,根据局部化学平衡,从材料内部到与溶蚀环境接触的外表面,其孔隙溶液中钙离子浓度如图 4.3 所示,随深度连续递减。

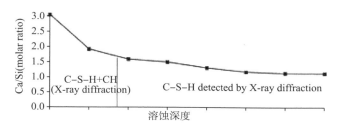

**图 4.2　去离子水溶蚀作用下 $C_3S$ 水泥石中 Ca/Si 随溶蚀深度的变化规律[45]**

图 4.3 给出了 $Ca^{2+}$ 浓度在材料内部和表面之间的变化关系。Taylor[147] 指出,无论孔隙溶液中 $Ca^{2+}$ 浓度为何值,孔隙溶液中的 $Si^{2+}$ 浓度都非常低,因此溶液的电中性依靠 $OH^-$ 维持。由此可知,在 $C_3S$ 水泥石的溶蚀区域,$OH^-$ 的特征曲线应与 $Ca^{2+}$ 的相同。

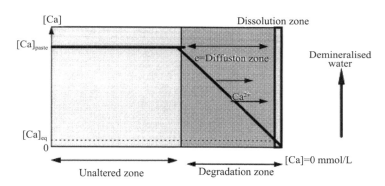

**图 4.3　去离子水溶蚀作用下 $C_3S$ 水泥石不同深度孔隙溶液中 $Ca^{2+}$ 浓度的模型示意(溶蚀区域未必为线性)[45]**

Faucon 等[144] 使用 X 射线衍射的方法研究了遭受软水侵蚀的波特兰水泥石中各种水化产物的相对比例。从水泥石试样与软水接触的表面至内部,每 $50\sim100\ \mu m$ 连续取样并进行测试,结果如图 4.4 所示。

## 4.2.3　溶蚀过程的模型

水泥基材料中钙离子的迁移机制及其动力学特性可以用式(4.7)描述。目前公开发表的文献中提及的模型都是基于式(4.7)建立的一个更为简洁的表达式[41-42,44,52]:

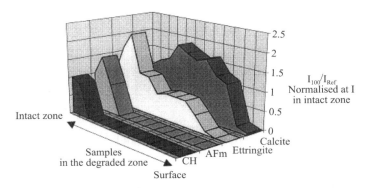

**图 4.4　波特兰水泥石结晶水化产物沿溶蚀深度的变化(去离子溶液溶蚀 6 个月)[144]**

$$\phi(x,t)\frac{\partial C(x,t)}{\partial t}=D(x,t)\frac{\partial^2 C(x,t)}{\partial x^2}-\frac{\partial C_s(x,t)}{\partial t} \tag{4.8}$$

式中:$\phi(x,t)$为孔隙率;$D(x,t)$为 $Ca^{2+}$ 的有效扩散系数(effective diffusion coefficient);$C(x,t)$为液相中 $Ca^{2+}$ 的浓度;$C_s(x,t)$为固相中 Ca 的浓度。与式(4.7)相比较可知,在式(4.8)中,化学活度、对流/电耦合(convection and electric coupling)等现象已被略去。固相中 Ca 的浓度 $C_s(x,t)$由图 4.5 得到。

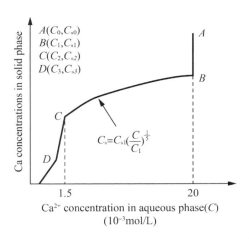

**图 4.5　固相 Ca 浓度与液相 $Ca^{2+}$ 浓度之间的关系[148]**

图 4.6 和图 4.7 分别给出了水泥石和砂浆数值模拟结果与试验值的比较。图 4.6 中所示的数值模拟结果,是对由式(4.7)和化学平衡方程联立的方

程组求解得出，而图 4.7 中的结果是对由式(4.8)和图 4.5 中所示的固相-液相中 Ca 浓度关系方程联立的方程组求解得出。

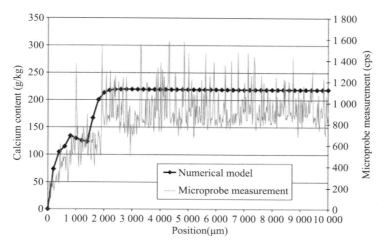

（a）饱和 $Ca(OH)_2$ 的水泥石

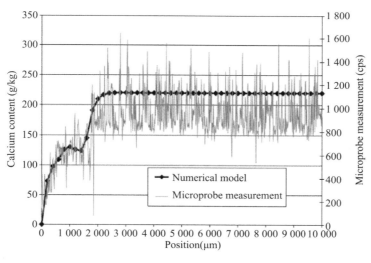

（b）非饱和 $Ca(OH)_2$ 的水泥石

**图 4.6　对水泥石[55]溶蚀过程的数值模拟**

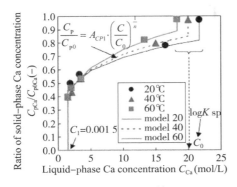

（a）固相中 Ca 浓度与液相中 $Ca^{2+}$ 浓度关系函数

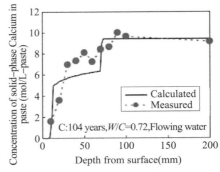

（b）不同溶蚀环境砂浆数值模拟结果（1）

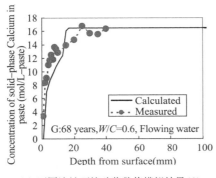

（c）不同溶蚀环境砂浆数值模拟结果（2）

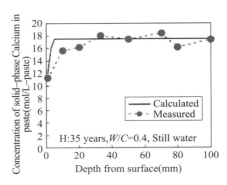

（d）不同溶蚀环境砂浆数值模拟结果（3）

**图 4.7 对砂浆[44]溶蚀过程的数值模拟**

## 4.3 溶蚀深度与表象溶蚀深度

制作圆柱体试样，成型和养护方法详见第三章。

对于经受溶蚀的圆柱体试样，用切割机沿其直径方向剖开，显露出沿溶蚀方向的剖面。用吸水纸吸干待测剖面水分，可观察到剖面由不同颜色的区域组成，以 0.50 FA10～0.50 FA55 试样为例，如图 4.8 所示。这些区域之间的分界线是不同水化产物的溶解峰线，其中最内侧的峰线是 $Ca(OH)_2$ 的溶解峰线。在溶蚀过程中，由于试样外部区域的 $Ca(OH)_2$ 逐渐溶出，在剖面上表现为其峰线不断向试样中心移动。通过放大镜观察，用游标卡尺测得 $Ca(OH)_2$ 溶解峰线至试样外表面的垂直距离，即试样的溶蚀深度 $d_T$。以等分法测量每个试样剖面 8 个点处的 $d_T$，取 3 个试样共计 24 个测点的平均值作为最终的试验结果。

然后在待测剖面喷洒浓度为 1% 的酚酞试液，在试样的中心区域，$Ca(OH)_2$ 还未溶出，酚酞试液呈现出粉红色；在试样的外围，$Ca(OH)_2$ 已经溶出，酚酞试液并不变色。当变色区域和未变色区域的界线清楚时，仍以 0.50 FA10～0.50 FA55 试样为例，如图 4.9 所示。通过放大镜观察，使用游标卡尺测量界线到试样最外侧的垂直距离，记为 $d_{ph}$。以等分法测量每个试样剖面 8 个点处的 $d_{ph}$，取 3 个试样共计 24 个测点的平均值作为最终的试验结果。

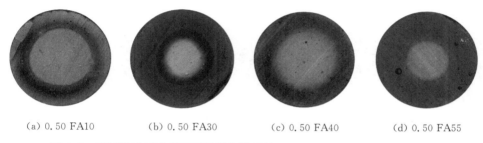

(a) 0.50 FA10　　　(b) 0.50 FA30　　　(c) 0.50 FA40　　　(d) 0.50 FA55

**图 4.8　喷洒酚酞试液前不同粉煤灰掺量的 $W/C=0.50$ 水泥石试样的剖面**

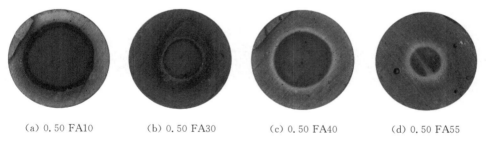

(a) 0.50 FA10　　　(b) 0.50 FA30　　　(c) 0.50 FA40　　　(d) 0.50 FA55

**图 4.9　喷洒酚酞试液后不同粉煤灰掺量的 $W/C=0.50$ 水泥石试样的剖面**

通常充分水化的水泥石，其孔隙溶液的 pH 值要高于 12.5，当孔隙溶液的 pH 值下降至 12 时，$Ca^{2+}$ 便会开始溶出[22]；酚酞试液在酸性环境下呈无色，而当 pH 值逐渐增大至 9 附近时便呈现出粉红色。因此，轻度溶蚀区域遇酚酞试液依然呈现粉红色。也就是说，酚酞试液并不能给出溶解峰线的准确位置，通过酚酞试液测得的 $d_{ph}$ 并不能真实客观地反映试样的真实溶蚀深度。将通过酚酞试液测得的指标 $d_{ph}$ 定义为材料的表象溶蚀深度（apparent leaching depth）。

## 4.3.1 溶蚀深度的试验结果与讨论

### 4.3.1.1 水胶比对溶蚀深度的影响

PC 试样和 FA30 试样的溶蚀深度与水胶比的关系如图 4.10 所示。由图 4.10 知：PC 试样和 FA30 试样的溶蚀深度都随溶蚀时间和水胶比的增加而增加，这说明水胶比较大的水泥石试样，其结构较为疏松多孔，水化产物向外部溶解扩散的速率也较大，必然会导致溶蚀深度较大。除此之外，当溶蚀时间一定时，PC 试样和 FA30 试样的溶蚀深度都与水胶比大致成线性关系，且直线的斜率基本上随着溶蚀时间的增加而增大。

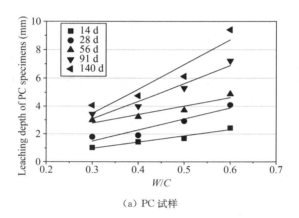

（a）PC 试样

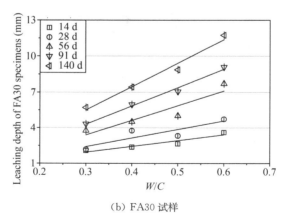

（b）FA30 试样

**图 4.10 溶蚀深度与水胶比的关系**

　　另外,从图中还可以看出,在溶蚀前期各组试样的溶蚀深度增长较快,而到了溶蚀后期,溶蚀深度的增长逐渐变得缓慢。例如 0.30 PC 试样,28 d 时的溶蚀深度为 1.79 mm,56 d 时的溶蚀深度为 2.99 mm,而 140 d 的溶蚀深度也仅为 4.07 mm。

#### 4.3.1.2　粉煤灰掺量对溶蚀深度的影响

　　图 4.11 给出了不同粉煤灰掺量的水胶比为 0.50 试样的溶蚀深度。总体上看,图中各组试样的溶蚀深度随溶蚀时间和粉煤灰掺量的增加而增大,而且当溶蚀时间一定时,溶蚀深度与粉煤灰掺量之间也大致成线性关系,可以用线性拟合得到不同溶蚀时间的线性关系函数。另外,从图中还可以看出,随着溶蚀时间的增长,各组试样溶蚀深度的增长率逐渐降低,表现出跟 PC 试样和 FA30 试样相同的规律。但是,随着粉煤灰掺量的变化,各组试样在溶蚀后期溶蚀深度降低的速率也在变化。因此,在溶蚀初期,溶蚀深度与粉煤灰掺量之间的线性关系函数斜率较小,而在溶蚀后期,线性关系函数的斜率逐渐增大。

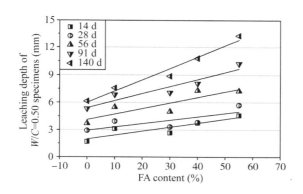

**图 4.11　W/C＝0.50 试样溶蚀深度与粉煤灰掺量的关系**

#### 4.3.1.3　菲克第一定律

　　菲克定律是描述扩散现象的宏观规律,这是生理学家菲克于 1855 年提出的,包括菲克第一定律和菲克第二定律。其中,菲克第一定律的描述如下:在单位时间内通过垂直于扩散方向的单位截面积的扩散物质流量[称为扩散通量(diffusion flux),用 $J$ 表示]与该截面处的浓度梯度成正比,也就是说,浓度梯度越大,扩散通量越大。

　　菲克第一定律只适用于 $J$ 不随时间变化——稳态扩散(steady-state diffusion)的情形。对于稳态扩散也可以描述为:在扩散过程中,各处的扩散组元的浓度 $C$ 只随距离 $x$ 变化,而不随时间 $t$ 变化,每一时刻从前边扩散来多少原子,就向后边扩散走多少原子,没有盈亏,所以浓度不随时间变化。在一维空间下的菲克定律如下:

$$J = -D \frac{\partial C}{\partial x} \tag{4.9}$$

式中:$J$ 为扩散通量(于某单位时间内通过某单位面积的物质量),单位为 kg/(m² · s)或 mol/(m² · s),$J$ 量度在一段短时间内物质流过一小面积的量;$D$ 称为扩散系数,其量纲为 $L^2T^{-1}$(L 表示长度,T 表示时间),单位为 m²/s,扩散系数 $D$ 是描述扩散速度的重要物理量,它相当于浓度梯度为 1 时的扩散通量,$D$ 值越大则扩散越快;$C$ 为扩散物质(组元)的体积浓度,其量纲为 $NT^{-1}$(N 表示物质的量,T 表示时间),单位为 mol/s;$x$ 为位置,单位为 m;$\frac{\partial C}{\partial x}$ 为浓度梯度,"—"表示扩散方向为浓度梯度的反方向,即扩散组元由高浓度区向低浓度区扩散。

根据斯托克斯-爱因斯坦方程(Stokes-Einstein equation),$D$ 的大小取决于温度、流体黏度与分子大小,并与扩散分子流动的平均速度成正比。在稀的水溶液中,大部分离子的扩散系数都相近,在室温下其数值大概在 $0.6 \times 10^{-9}$ m²/s 和 $2 \times 10^{-9}$ m²/s 之间。而生物分子的扩散系数一般介于 $10^{-12}$ m²/s 和 $10^{-11}$ m²/s 之间。

一维扩散的驱动力为 $-\frac{\partial C}{\partial x}$,对理想混合物而言,这个驱动力就是浓度的梯度。在非理想溶液或混合物的化学系统中,每一种物质的扩散驱动力为各自种类的化学势梯度。此时菲克第一定律(一维状况)为:

$$J_i = -\frac{Dc_i}{RT} \cdot \frac{\partial \mu_i}{\partial x} \tag{4.10}$$

式中:标记 $i$ 代表第 $i$ 种物质;$c$ 为物质的量浓度(mol/m³);$R$ 为摩尔气体常数[J/(K · mol)];$T$ 为绝对温度(K);$\mu$ 为化学势(J/mol)。

4.3.1.4 溶蚀深度的因时变化规律

在一维($x$ 轴)扩散的情况下,设时间为 $t$,初始点位于 $x = 0$ 的边界上,该点浓度值为 $n(0)$,则扩散情况为:

$$n(x,t) = n(0)\,\mathrm{erfc}\left(\frac{x}{2\sqrt{Dt}}\right) \tag{4.11}$$

式中,erfc 为互补误差函数,$\mathrm{erfc}(x)=1-\mathrm{erf}(x)$;长度 $2\sqrt{Dt}$ 为扩散长度,用于量度浓度沿 $x$ 方向经过时间 $t$ 后传播的距离。互补误差函数在泰勒级数展开后的首两项,可被用作该函数的快捷近似:

$$n(x,t) = n(0)\left[1 - 2\left(\frac{x}{2\sqrt{Dt\pi}}\right)\right] \tag{4.12}$$

根据已有的研究成果,水泥基材料在受到溶出性侵蚀时,同时存在扩散和溶解两种机制。由于 $Ca^{2+}$ 的溶出主要受到扩散机制的控制,因此溶蚀深度与溶蚀时间的平方根之间存在良好的线性关系,可以用菲克第一定律来描述。

$$d_T = k(W/C,\ \mathrm{FA\ content},\cdots)\sqrt{t} \tag{4.13}$$

式中:$d_T$ 为试样的溶蚀深度(mm);$k$ 为与试样所选用的原材料及配合比等因素有关的系数;$t$ 为溶蚀时间(d)。

图 4.12 给出了溶蚀深度与溶蚀时间平方根关系的拟合直线,拟合直线的斜率即 $k$ 值,也列于图中。根据 3.3.2 小节的溶蚀制度,溶蚀剂 $NH_4Cl$ 溶液的体积远大于试样的体积,且每 30 d 将全部溶液更换一次,因此假定在整个溶蚀过程中,$NH_4Cl$ 溶液的浓度是稳定的。也就是说,直到试样被完全溶蚀,试样的溶蚀深度与溶蚀时间平方根之间的正比例关系一直维持。那么,由 $k$ 值可以推断出 $Ca(OH)_2$ 溶解峰线移动至试样的中心点所需的时间 $t_d$,即直径为 50 mm 试样完全溶蚀(totally deteriorated)所需要的时间为:

$$t_d = \left(\frac{r_0}{k}\right)^2 \tag{4.14}$$

各组试样的 $t_d$ 列于表 4.1。

表 4.1　各组试样完全溶蚀所需时间 $t_d$(d)

| 试样 | W/C | | | |
|---|---|---|---|---|
| | 0.30 | 0.40 | 0.50 | 0.60 |
| PC | 5 102 | 3 718 | 2 311 | 1 111 |
| FA10 | — | — | 1 298 | — |

| 试样 | W/C | | | |
|------|------|------|------|------|
| | 0.30 | 0.40 | 0.50 | 0.60 |
| FA30 | 2 270 | 1 575 | 1 199 | 652 |
| FA40 | — | — | 784 | — |
| FA55 | — | — | 533 | — |

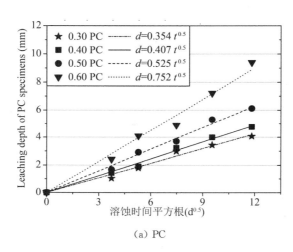

(a) PC

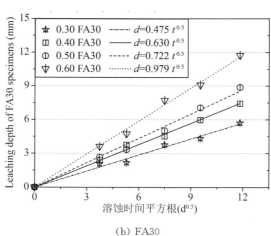

(b) FA30

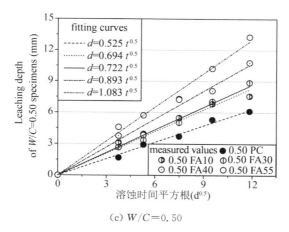

(c) $W/C = 0.50$

**图 4.12　溶蚀深度与溶蚀时间平方根的关系**

由图 4.12(c)可以看出,当溶蚀时间不变时,随着粉煤灰掺量的增加,试样的溶蚀深度也随之增大。通过表 4.1,当试样完全溶蚀时,随着粉煤灰掺量的增加,溶蚀时间缩短。例如,0.50 FA55 试样完全溶蚀仅需 533 d,约为 1.5 a,而 0.50 PC 试样完全溶蚀需要 2 311 d,需要约 6.5 a。造成这种现象的原因可能在于:由于粉煤灰会与水化作用生成的 $Ca(OH)_2$ 发生二次水化,所以在充分水化后掺入了粉煤灰的水泥石,其 $Ca(OH)_2$ 的含量较纯水泥石的少。因此,在相同的溶蚀条件下,更深区域的 $Ca(OH)_2$ 就会不断被溶出,故溶蚀深度较大。

## 4.3.2　表象溶蚀深度的试验结果与讨论

图 4.13 给出了各组试样的表象溶蚀深度与溶蚀时间平方根的关系。

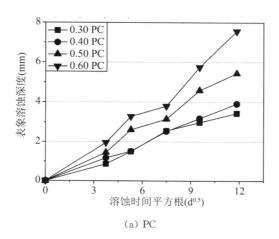

(a) PC

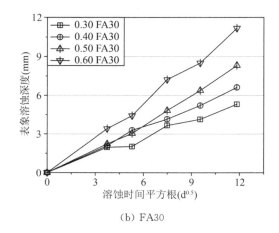

(b) FA30

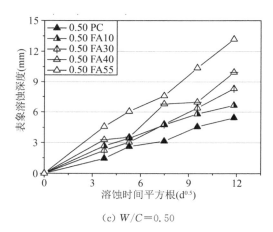

(c) W/C=0.50

**图 4.13　表象溶蚀深度与溶蚀时间平方根的关系**

由图 4.13 可以看出,各组试样的表象溶蚀深度随溶蚀时间的平方根也呈现出良好的线性关系。除此之外,表象溶蚀深度随溶蚀时间、水胶比、粉煤灰掺量等因素变化的规律与溶蚀深度随这些因素的变化规律完全相同。

### 4.3.3　溶蚀深度与表象溶蚀深度的关系

从 4.3.1 小节和 4.3.2 小节中的试验数据来看,溶蚀深度 $d_T$ 和表象溶蚀深度 $d_{ph}$ 都与溶蚀时间的平方根成线性关系,将二者的比值列于表 4.2。从表中可以看出,随着 $W/C$ 在 $0.30 \sim 0.60$ 之间变化,PC 试样的 $d_T / d_{ph}$ 值在 $1.148\,1 \sim 1.254\,7$ 之间波动,FA30 试样的 $d_T / d_{ph}$ 值在 $1.05 \sim 1.13$ 之间波动,因此,单掺 30% 的粉煤灰降低了 $d_T/d_{ph}$ 值。另外,随着粉煤灰掺量的增大,$d_T/d_{ph}$ 值总体呈现出不断减小的趋势。

表 4.2　各组试样的 $d_T/d_{ph}$ 值

| 试样 | W/C | | | |
|---|---|---|---|---|
| | 0.30 | 0.40 | 0.50 | 0.60 |
| PC | 1.178 6 | 1.246 3 | 1.148 1 | 1.254 7 |
| FA10 | — | — | 1.155 7 | |
| FA30 | 1.054 5 | 1.125 7 | 1.099 3 | 1.063 0 |
| FA40 | — | — | 1.108 5 | — |
| FA55 | | | 0.977 7 | |

在实际混凝土结构物中,若直接测定结构物的溶蚀深度,需使结构物露出沿溶蚀方向的断面,不仅操作不便,还有可能会使结构物受到损伤,而表象溶蚀深度的测定则比较容易。因此,表 4.2 中所示的关系表明可以通过测定混凝土结构物的表象溶蚀深度来推定其溶蚀深度,这在工程实际中更易操作。

# 4.4　孔隙率

孔隙率的测定方法按 3.4.1 小节中所述的真空干燥法进行。

浸烘循环会加速水泥基材料裂缝的扩展,从而加速孔隙率和孔结构的变化。如果使用真空干燥法对同一组试样在不同的溶蚀时期进行孔隙率的测定,因需反复进行浸烘循环,故所得结果明显偏大,无法客观地反映由溶蚀作用造成的孔隙率增量,更不能与力学性能建立直接的对应关系,将给研究工作的进一步开展带来困难。为了减少浸烘循环对水泥石试样孔隙率的影响,本章研究所使用的试样在测试之前均浸泡在 $NH_4Cl$ 溶液中,即所有孔隙率的数据均来自只经过一次烘干的试样;以 3 个试样测试值的平均值作为最终的孔隙率,精确至 0.01(%)。

## 4.4.1　水胶比对孔隙率的影响

图 4.14(a) 和图 4.14(b) 分别给出了溶蚀组和对照组的不同水胶比 PC

试样的孔隙率与时间的关系。由图 4.14(a)可以看出,随着溶蚀过程的进行,溶蚀组 PC 试样的孔隙率不断增大,造成这一现象的主要原因是固相水化产物 Ca(OH)$_2$ 的溶出以及 C - S - H 凝胶的脱钙。而对照组 PC 试样的孔隙率随着养护时间的增长变化不大,如图 4.14(b)所示。

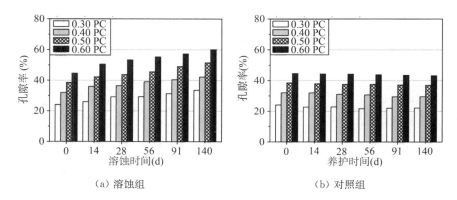

(a) 溶蚀组　　　　　　　　　　(b) 对照组

**图 4.14　不同水胶比 PC 试样的孔隙率与时间的关系**

溶蚀试样的孔隙率增量 $\Delta\phi(\%)$通过下式计算:

$$\Delta\phi(\%) = \phi_p - \phi_s \tag{4.15}$$

式中:$\phi_p$ 为某一龄期时溶蚀试样的孔隙率(porosity of partially deteriorated specimens)($\%$);$\phi_s$ 为该龄期时对照试样的孔隙率(porosity of control specimens)($\%$)。

图 4.15 给出了不同水胶比 PC 试样的孔隙率增量 $\Delta\phi(\%)$与溶蚀时间之间的关系。从图 4.15 中可以看出,当溶蚀时间一定时,随着水胶比的增

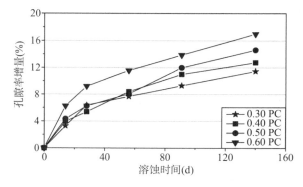

**图 4.15　不同水胶比 PC 试样的孔隙率增量与溶蚀时间的关系**

加,试样的孔隙率增量逐渐增加。这说明 $W/C$ 较大的水泥石结构疏松多孔,因此溶蚀过程更加迅速。另外,在溶蚀的前期,曲线呈现出陡峭的特征,溶蚀时间对孔隙率增量的影响较大;后期曲线逐渐趋于平缓,溶蚀时间对孔隙率增量的影响逐渐变小。例如,溶蚀 14 d 时,0.60 PC 试样的孔隙率增量约为 6%;溶蚀 56 d 时,孔隙率增量约为 12%;溶蚀 140 d 时,孔隙率增量约为 17%。

图 4.16 给出了不同水胶比 PC 试样孔隙率增量 $\Delta\phi$(%)与溶蚀程度 $\alpha$ (leached ratio)之间的关系。溶蚀程度 $\alpha$ 是指试样断面溶蚀区域面积(deteriorated area)$A_d$ 与总面积(total area)$A_t$ 之比。从图 4.16 中可以看出,不论水胶比在 0.30~0.60 之间如何变化,孔隙率增量始终与溶蚀程度线性相关,而且当溶蚀程度一定时,水胶比对孔隙率增量的影响不大。如果用一条经过坐标原点的直线对图 4.16 中的四组试验数据进行拟合,可以得到如下结论:完全溶蚀的 PC 试样,其孔隙率增量为定值,水胶比对孔隙率增量的影响十分微弱。

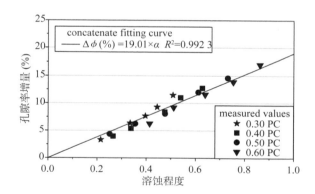

**图 4.16　不同水胶比 PC 试样的孔隙率增量与溶蚀程度的关系**

图 4.17(a)和图 4.17(b)分别给出了溶蚀组和对照组的不同水胶比 FA30 试样的孔隙率与时间的关系。由图 4.17(a)可以看出,随着溶蚀过程的进行,溶蚀组 FA30 试样的孔隙率不断增大,造成这一现象的主要原因同样是固相水化产物 $Ca(OH)_2$ 的溶出以及 C-S-H 凝胶的脱钙。而对照组 FA30 试样的孔隙率随着养护时间的增长稍有下降,变化不大,如图 4.17(b)所示。

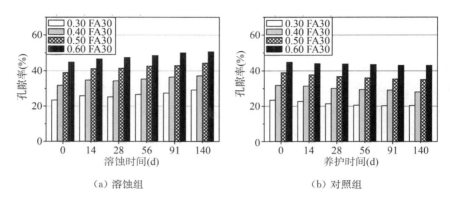

(a) 溶蚀组　　　　　　　　　　　(b) 对照组

**图 4.17　不同水胶比 FA30 试样的孔隙率与时间的关系**

图 4.18 给出了 FA30 试样的孔隙率增量 $\Delta\phi$（％）与溶蚀时间的关系。FA30 试样孔隙率增量随溶蚀时间和水胶比变化的规律与 PC 试样的类似。

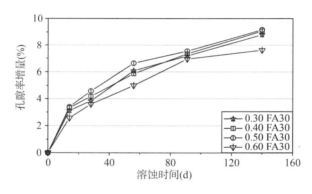

**图 4.18　不同水胶比 FA30 试样的孔隙率增量与溶蚀时间的关系**

图 4.19 给出了 FA30 试样孔隙率增量 $\Delta\phi$（％）与溶蚀程度 $\alpha$ 之间的关系。从图 4.19 中可以看出,当粉煤灰掺量都为 30％时,不论水胶比在 0.30～0.60 之间如何变化,孔隙率增量都与溶蚀程度成线性相关。如果用经过坐标原点的直线对图 4.19 中的四组试验数据进行拟合,可以得到如下结论:完全溶蚀的 PC 试样,其孔隙率增量与水胶比存在如下关系,即水胶比越小,完全溶蚀试样的孔隙率增量就越大。

由图 4.16 和图 4.19 中的拟合结果可以看出:与不掺粉煤灰的 PC 试样相比,掺 30％粉煤灰试样在完全溶蚀之后,孔隙率增量降低,抗溶蚀能力得到显著改善。产生这种现象的原因主要是掺入的粉煤灰会与水化产物中的

Ca(OH)$_2$ 发生二次水化,降低试样中 Ca(OH)$_2$ 的相对含量,从而降低试样中可供溶出的 Ca(OH)$_2$ 含量。另外,从图 4.16 和图 4.19 中还可以看出,水胶比越大,粉煤灰对水泥石的这种改善效果越明显。

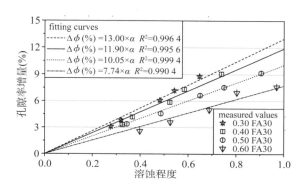

**图 4.19　不同水胶比 FA30 试样的孔隙率增量与溶蚀程度的关系**

## 4.4.2　粉煤灰掺量对孔隙率的影响

图 4.20 给出了不同水胶比 PC 试样与 FA30 试样的孔隙率与溶蚀时间的关系。由图 4.20 中可以看出:当水胶比一定时,对照组 FA30 试样的孔隙率与 PC 试样相差不大;而溶蚀组 FA30 试样的孔隙率均低于 PC 试样,尤其是在溶蚀的后期。这说明掺入 30% 粉煤灰以后,试样的抗溶蚀能力得到提高。通过比较图 4.15 和图 4.18,或者比较图 4.16 和图 4.19,也可得到相同的结论。

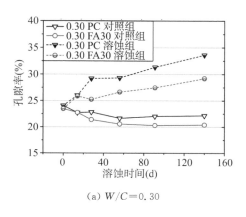

(a) $W/C$＝0.30

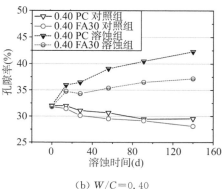

(b) $W/C$＝0.40

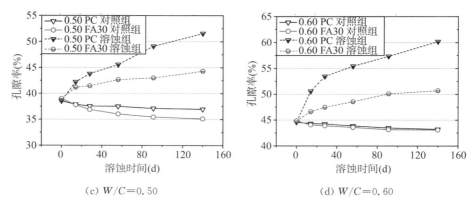

(c) $W/C=0.50$           (d) $W/C=0.60$

**图 4.20　不同水胶比 PC 试样与 FA30 试样的孔隙率与溶蚀时间的关系**

　　为了研究粉煤灰掺量对试样孔隙率增长规律的影响,图 4.21(a)和图 4.21(b)分别给出了溶蚀组和对照组不同粉煤灰掺量 $W/C=0.50$ 试样的孔隙率。由图 4.21(a)可以看出,随着溶蚀过程的进行,溶蚀组试样的孔隙率不断增加,原因同前。而对照组试样的孔隙率随着养护时间的增长稍有降低,如图 4.21(b)所示。

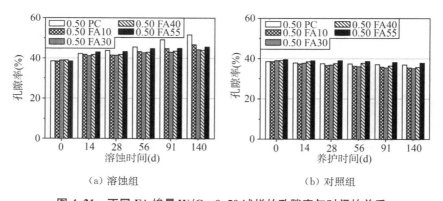

(a) 溶蚀组            (b) 对照组

**图 4.21　不同 FA 掺量 $W/C=0.50$ 试样的孔隙率与时间的关系**

　　图 4.22 给出了不同粉煤灰掺量 $W/C=0.50$ 试样的孔隙率增量 $\Delta\phi(\%)$ 与溶蚀时间的关系。从图 4.22 中可以看出,当溶蚀时间一定时,随着粉煤灰掺量的增加,试样的孔隙率增量逐渐降低。产生这一现象的原因可以归纳为以下几个方面:① 粉煤灰掺量较低时,二次水化消耗的 $Ca(OH)_2$ 也较少,水化产物中剩余 $Ca(OH)_2$ 的溶出仍会造成孔隙率的增加,对水泥石抵抗溶蚀能力的改善效果较弱。② 随着粉煤灰掺量的逐渐增大,消耗的 $Ca(OH)_2$ 逐

渐增多,改善效果越来越明显。直到掺入的粉煤灰恰能与前期水化反应生成的 $Ca(OH)_2$ 完全反应时,水泥石抵抗溶蚀的能力达到最大,此时粉煤灰的掺量为最佳掺量。③ 粉煤灰的掺量超过最佳掺量后,多余的粉煤灰作为填料,只会增加试样的孔隙率,加快试样的溶蚀速度,对水泥石抵抗溶蚀反而是不利的。在图 4.22 中所示的 140 d 的溶蚀时间之内,掺 55% 粉煤灰水泥石的孔隙率增量是最小的。

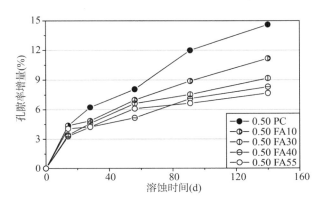

**图 4.22　不同 FA 掺量的 $W/C=0.50$ 试样的孔隙率增量与溶蚀时间的关系**

图 4.23 给出了不同粉煤灰掺量的 $W/C=0.50$ 试样孔隙率增量 $\Delta\phi(\%)$ 与溶蚀程度 $\alpha$ 之间的关系。从图 4.23 中可以看出,在水胶比相同的条件下,随着粉煤灰掺量的增加,完全溶蚀试样的孔隙率增量随之减小。除此之外,当粉煤灰掺量较小时,改变掺量对试样孔隙率增量的影响比较明显;而当粉煤灰掺量逐渐增大时,改变掺量对试样孔隙率增量的影响逐渐变弱。也就是说,完全溶蚀试样孔隙率的增量并不随粉煤灰掺量的增大而成线性增加。例如,当粉煤灰的掺量为 10% 时,完全溶蚀水泥石的孔隙率增量约为纯水泥石的 2/3;当粉煤灰掺量增加至 30% 时,完全溶蚀水泥石的孔隙率增量约为纯水泥石的 1/2;而当粉煤灰掺量增加至 40% 时,完全溶蚀水泥石的孔隙率增量也约为纯水泥石的 1/2。虽然完全溶蚀试样的孔隙率增量并不随粉煤灰掺量的增大而成线性增加,但通过图 4.23 中的拟合曲线可以看出,粉煤灰对强度残余率的改善作用还是十分明显的。例如,掺 40% 和 50% 粉煤灰水泥石在完全溶蚀后,孔隙率的增量都不到纯水泥石孔隙率增量的 1/2。

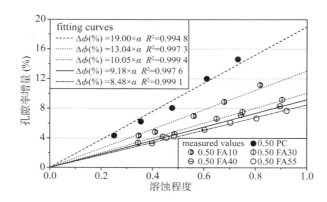

**图 4.23  不同 FA 掺量的 $W/C=0.50$ 试样的孔隙率增量与溶蚀程度的关系**

# 4.5  本章小结

本章总结了溶蚀的物理化学进程,使用溶解峰线法和酚酞法分别测定了溶蚀水泥石试样的溶蚀深度和表象溶蚀深度,使用真空干燥法测定了溶蚀水泥石试样的孔隙率。得到的主要结论如下:

(1)水泥石的溶蚀深度与溶蚀时间、水胶比、粉煤灰掺量等因素有关。水泥石的溶蚀深度与溶蚀时间的平方根之间存在良好的线性关系;水泥石的水胶比越大、粉煤灰的掺量越大,溶蚀深度也越大。

(2)水泥石表象溶蚀深度的影响因素和变化规律与水泥石溶蚀深度的相同,不再赘述。

(3)水泥石的溶蚀深度与表象溶蚀深度之间存在一定的比例关系。随着 $W/C$ 在 $0.30\sim0.60$ 之间变化,PC 试样的 $d_T/d_{ph}$ 值在 $1.14\sim1.26$ 之间波动,FA30 试样的 $d_T/d_{ph}$ 值在 $1.05\sim1.13$ 之间波动。在实际混凝土结构物中,若直接测定结构物的溶蚀深度,需使结构物露出沿溶蚀方向的断面,不仅操作不便,还有可能会使结构物受到损伤,而表象溶蚀深度的测定则比较容易。因此,利用本章 4.5 节中溶蚀深度 $d_T$ 与表象溶蚀深度 $d_{ph}$ 的比例关系,通过测定混凝土结构物的表象溶蚀深度 $d_{ph}$ 来推定其溶蚀深度 $d_T$。

(4)溶蚀水泥石的孔隙率随溶蚀时间不断增大,并且在溶蚀前期的增长速度较快,到溶蚀后期逐渐变得缓慢。

（5）溶蚀试样的孔隙率增量与溶蚀程度之间存在良好的线性关系。完全溶蚀的水泥石试样，其孔隙率增量与水胶比和粉煤灰的掺量有关；对于纯水泥石，完全溶蚀后的孔隙率增量受水胶比的影响较小；对于掺加 30% 粉煤灰的水泥石，完全溶蚀后的孔隙率增量随着水胶比的增大而减小；当水胶比一定时，完全溶蚀水泥石的孔隙率增量随着粉煤灰掺量的增大而减小。

# 第5章 溶蚀水泥石的 抗压试验研究

## 5.1 引言

单轴抗压强度是水泥基材料最基本和最重要的力学性能指标,也是设计人员和施工建设人员最关心的一项基本参数。本章以单轴抗压强度(简称抗压强度)表征材料的宏观力学性能,对不同配合比的溶蚀试样和对照试样进行系统的单轴压缩试验,以获得材料在不同龄期的抗压强度与弹性模量,探寻不同配合比水泥石抗压强度残余率和弹性模量的变化规律,推导抗压强度与弹性模量预测模型,提出抗压强度残余率和弹性模量残余率的反演方法。

## 5.2 试验

制作圆柱体试样,成型和养护方法详见第三章。

将溶蚀试样和对照试样分别从 $NH_4Cl$ 溶液和饱和 $Ca(OH)_2$ 溶液中取出,擦干试样表面。在 CSS—44100 型电子万能试验机上进行加载。加载速率控制为 0.10 m/min,承受压力达到峰值之后逐渐调整至 0.05 mm/min,读数精确至 0.001 kN。试样的抗压强度 $\sigma_c$ 按下式计算:

$$\sigma_c = \frac{F_{cu}}{A} \tag{5.1}$$

式中:$\sigma_c$ 为抗压强度(MPa);$F_{cu}$ 为单轴压极限破坏荷载(ultimate compression ultimate load)(N);$A$ 为试样的受压面积($mm^2$)。以 3 个试样测试值的

平均值作为最终的抗压强度值,精确至 0.01 MPa。

试样的弹性模量按下式计算:

$$E = \frac{F_2 - F_1}{A} \cdot \frac{L}{\Delta L} \times 10^{-3} \qquad (5.2)$$

式中:$E$ 为弹性模量(GPa);$F_2$ 为 40% 的破坏荷载(N);$F_1$ 为 20% 的破坏荷载(N);$L$ 为测量变形的标距(mm);$\Delta L$ 为从 20% 的破坏荷载增加到 40% 的破坏荷载时试样的变形值(mm)。以 3 个试样测试值的平均值作为最终的弹性模量值,精确至 0.01 GPa。

# 5.3　单轴抗压强度的试验结果与讨论

## 5.3.1　水胶比对单轴抗压强度的影响

图 5.1(a)和图 5.1(b)分别给出了溶蚀组和对照组不同水胶比 PC 试样的抗压强度与时间的关系。由图 5.1(a)可以看出,随着溶蚀过程的进行,溶蚀组试样的抗压强度不断下降,造成这一现象的主要原因是固相水化产物 $Ca(OH)_2$ 的溶出以及 C‐S‐H 凝胶的脱钙增加了试样的孔隙率,导致试样结构疏松,抗压强度下降。而对照组试样的抗压强度随养护时间的增加稍有增加,如图 5.1(b)所示。溶蚀试样的抗压强度损失率 $\Delta\sigma_c$(%)通过下式计算:

$$\Delta\sigma_c(\%) = \frac{\sigma_{cs} - \sigma_{cp}}{\sigma_{cs}} \qquad (5.3)$$

式中:$\sigma_{cs}$ 为某一龄期时对照试样的抗压强度(compressive strength of control specimens)(MPa);$\sigma_{cp}$ 为该龄期时溶蚀试样的抗压强度(compressive strength of partially deteriorated specimens)(MPa)。

图 5.2 给出了不同水胶比 PC 试样的抗压强度损失率 $\Delta\sigma_c$(%)与溶蚀时间之间的关系。从图 5.2 中可以看出,当溶蚀时间一定时,随着水胶比的增加,试样的抗压强度损失率逐渐增加。这说明 $W/C$ 较大的水泥石结构更加疏松,因此溶蚀过程更加迅速。另外,在溶蚀的前期,曲线呈现出陡峭的特征,溶蚀时间对抗压强度损失率的影响较大;后期曲线逐渐趋于平缓,溶蚀时间对抗压强度损失率的影响逐渐变小。例如,溶蚀 14 d 时,0.30 PC 试样的抗压强度损失率约为 8%;溶蚀 56 d 时,抗压强度损失率约为 21%;溶蚀

140 d 时，抗压强度损失率约为 25%。

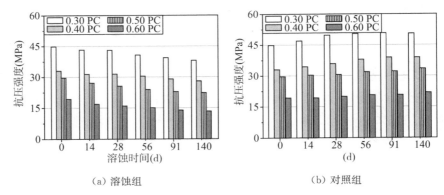

(a) 溶蚀组            (b) 对照组

**图 5.1 不同水胶比 PC 试样的抗压强度与时间的关系**

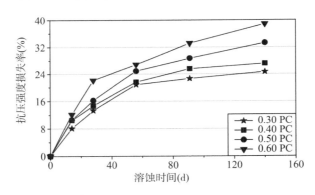

**图 5.2 不同水胶比 PC 试样的抗压强度损失率与溶蚀时间的关系**

图 5.3 给出了不同水胶比 PC 试样抗压强度损失率 $\Delta\sigma_c$(%)与溶蚀程度 $\alpha$ 之间的关系。从图中可以看出，不论水胶比在 0.30～0.60 之间如何变化，抗压强度损失率始终与溶蚀程度线性相关。如果用经过坐标原点的直线分别对图 5.3 中的四组试验数据进行拟合，可以得到如下结论：完全溶蚀的试样，仍有一定的残余抗压强度，并且抗压强度残余率与水胶比有关，水胶比越小，抗压强度残余率就越低。一个可能的原因是，水胶比较小的试样，其 Ca(OH)$_2$ 的相对含量较高，完全溶出后造成的孔隙率增量也越大。另外，水胶比小的试样完全溶蚀所需时间很长，如在加速试验下，0.30 PC 试样完全溶蚀需要 14.0 a，而 0.60 PC 试样仅需 3.0 a。因此，时间效应也可能是造成这一现象的另一重要原因。

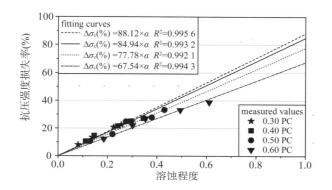

**图 5.3　不同水胶比 PC 试样的抗压强度损失率与溶蚀程度的关系**

图 5.3 的拟合直线可以用下式表示：

$$\Delta\sigma_c(\%) = k_c(W/C, x\mathrm{FA\ content}, \cdots) \cdot \alpha = k_c \cdot \frac{A_d}{A_t} \quad (5.4)$$

式中：$k_c$ 为完全溶蚀试样的抗压强度损失率，与水胶比及粉煤灰掺量等因素有关，$k_c$ 的值见表 5.1；$\alpha$ 为溶蚀程度；$A_d$ 为试样断面溶蚀区域的面积；$A_t$ 为试样断面的总面积。

**表 5.1　各组试样的 $k_c$ 值**

| 试样 | W/C | | | |
|---|---|---|---|---|
| | 0.30 | 0.40 | 0.50 | 0.60 |
| PC | 88.12 | 84.94 | 77.78 | 67.54 |
| FA10 | — | — | 54.45 | — |
| FA30 | 51.94 | 48.94 | 49.80 | 46.09 |
| FA40 | — | — | 36.62 | — |
| FA55 | — | — | 32.47 | — |

图 5.4(a)和图 5.4(b)分别给出了溶蚀组和对照组不同水胶比 FA30 试样的抗压强度与时间的关系。由图 5.4(a)可以看出，随着溶蚀过程的进行，溶蚀组 FA30 试样的抗压强度逐渐下降，造成这一现象的主要原因同样是固相水化产物 Ca(OH)₂ 的溶出以及 C－S－H 凝胶的脱钙。而对照组试样的抗压强度随养护时间增加稍有增加，如图 5.4(b)所示。

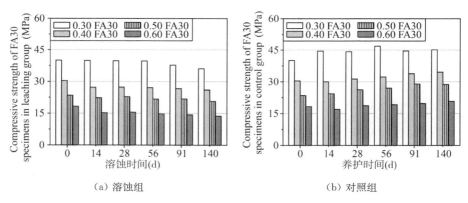

（a）溶蚀组 （b）对照组

**图 5.4 不同水胶比 FA30 试样的抗压强度与时间的关系**

图 5.5 给出了不同水胶比 FA30 试样的抗压强度损失率 $\Delta\sigma_c$ 与溶蚀时间的关系。当溶蚀时间一定时，随着水胶比的增加，抗压强度损失率也逐渐增加。这说明相同的粉煤灰掺量不会改变水胶比对抗压强度损失率的影响规律。

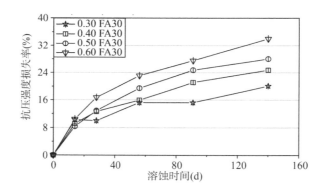

**图 5.5 不同水胶比的 FA30 试样的抗压强度损失率与溶蚀时间的关系**

图 5.6 给出了不同水胶比 FA30 试样抗压强度损失率 $\Delta\sigma_c$（%）与溶蚀程度 $\alpha$ 之间的关系。从图中可以看出，当粉煤灰掺量为 30% 时，不论水胶比在 0.30～0.60 之间如何变化，抗压强度损失率都与溶蚀程度成线性相关，并且水胶比对完全溶蚀试样抗压强度残余率的影响并不明显，$W/C$ 不同的各组试样在完全溶蚀之后的抗压强度损失率相差不大。

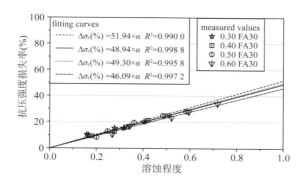

**图 5.6　不同水胶比 FA30 试样的抗压强度损失率与溶蚀程度的关系**

　　用经过坐标原点的直线对图 5.6 中的四组试验数据分别进行拟合，通过表 5.1 中的 $k_c$ 值，可以看出：与不掺粉煤灰的 PC 试样相比，掺 30％粉煤灰试样的抗压强度残余率增大，抗溶蚀能力得到显著改善。产生这种现象的原因主要是掺入的粉煤灰会与水化产物中的 $Ca(OH)_2$ 发生二次水化，降低试样中 $Ca(OH)_2$ 的相对含量，从而降低试样中可供溶出的 $Ca(OH)_2$ 含量。另外，从图 5.6 和表 5.1 中也可以看出，水胶比越小，粉煤灰对水泥石的这种改善效果越明显。

## 5.3.2　粉煤灰掺量对单轴抗压强度的影响

　　图 5.7 给出了不同水胶比的 PC 试样与 FA30 试样的抗压强度与溶蚀时间的关系。由图 5.7 中可以看出，当水胶比一定时，对照组 FA30 试样的抗压强度均明显低于 PC 试样；溶蚀组 FA30 试样的抗压强度与 PC 试样的差别则较小，尤其是在溶蚀的后期。这说明掺入 30％粉煤灰以后，试样的抗压强度损失率降低，因此抗溶蚀能力得到提高。通过比较图 5.2 和图 5.5，或者比较图 5.3 和图 5.6，也可得到相同的结论。

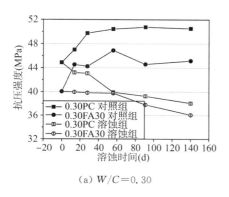

（a）$W/C=0.30$

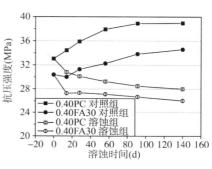

（b）$W/C=0.40$

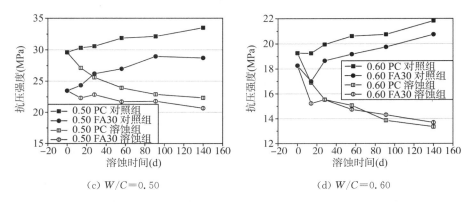

（c）$W/C$＝0.50　　　　　　　　　（d）$W/C$＝0.60

**图 5.7　不同水胶比 PC 试样与 FA30 试样的抗压强度与溶蚀时间的关系**

为了研究粉煤灰掺量对试样抗压强度损伤规律的影响，图 5.8（a）和图 5.8（b）分别给出了溶蚀组和对照组不同粉煤灰掺量 $W/C$＝0.50 试样的抗压强度与时间的关系。由图 5.8 可以看出，随着溶蚀过程的进行，溶蚀组试样的抗压强度最终呈下降趋势，原因同前。而对照组试样的抗压强度随养护时间的增加稍有增加，如图 5.8（b）所示。

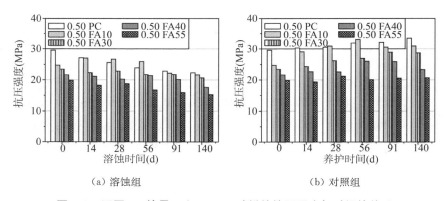

（a）溶蚀组　　　　　　　　　　（b）对照组

**图 5.8　不同 FA 掺量 $W/C$＝0.50 试样的抗压强度与时间的关系**

图 5.9 给出了不同粉煤灰掺量 $W/C$＝0.50 试样的抗压强度损失率 $\Delta\sigma_c$（％）与溶蚀时间的关系。溶蚀时间一定时，随着粉煤灰掺量的增加，试样的抗压强度损失率逐渐降低。产生这一现象的原因可以归纳为以下几个方面：① 当粉煤灰掺量较低时，二次水化消耗的 $Ca(OH)_2$ 也较少，因此对纯水泥石抵抗溶蚀能力的改善效果不是很明显；② 随着粉煤灰掺量的逐渐增大，消耗的 $Ca(OH)_2$ 逐渐增多，改善效果越来越明显，直到掺入粉煤灰的质量恰能与

前期水化反应生成的 $Ca(OH)_2$ 完全反应,水泥石抵抗溶蚀的能力达到最大,此时粉煤灰的掺量为最佳掺量;③ 当粉煤灰的掺量超过此值后,多余的粉煤灰作为填料,只会增加试样的孔隙率,从而加快试样的溶蚀速度,对水泥石抵抗溶蚀反而是不利的。

根据水泥和粉煤灰化学成分的不同,粉煤灰的最佳掺量也在一定的范围之内变动。由图 5.9 可以看出,当溶蚀时间一定时,粉煤灰掺量为 40% 的水泥石试样,其抗压强度的损失率是最小的。

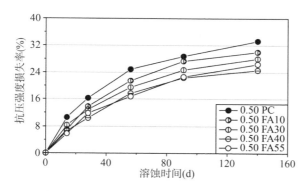

**图 5.9  不同 FA 掺量的 $W/C=0.50$ 试样的抗压强度损失率与溶蚀时间的关系**

图 5.10 给出了不同粉煤灰掺量 $W/C=0.50$ 试样的抗压强度损失 $\Delta\sigma_c$ (%)与溶蚀程度 $\alpha$ 之间的关系。

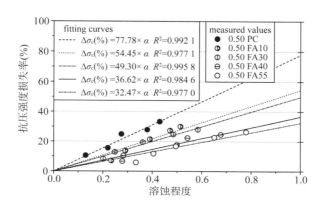

**图 5.10  不同 FA 掺量的 $W/C=0.50$ 试样的抗压强度损失率与溶蚀程度的关系**

从图 5.10 中可以看出,在水胶比相同的条件下,随着粉煤灰掺量的增加,完全溶蚀试样的抗压强度残余率逐渐提高。除此之外,当粉煤灰掺量较小时,改变掺量对试样抗压强度残余率的影响比较明显;而当粉煤灰掺量逐渐增大时,改变掺量对试样抗压强度残余率的影响逐渐变弱。例如,当粉煤灰的掺量为10%时,完全溶蚀试样抗压强度的损失率约为纯水泥石试样的3/4;而当粉煤灰掺量增加至40%时,完全溶蚀试样抗压强度的损失率仅约为纯水泥石试样的1/2。也就是说,溶蚀试样抗压强度的损失率并不随粉煤灰掺量的增大而成线性增加。但是,通过图5.10和表5.1中的$k_c$值可以看出,粉煤灰对强度残余率的改善作用还是十分明显的,例如掺40%和55%粉煤灰水泥石在完全溶蚀后,抗压强度损失率都不到纯水泥石抗压强度损失率的1/2。

比较图5.9和图5.10,还可以看出:0.50 FA55试样完全溶蚀后的抗压强度残余率并不低于0.50 FA40试样的抗压强度残余率,只是其溶蚀速度要比后者增快了一些,因此,在溶蚀过程中,特别是溶蚀后期,其抗压强度损失率也较大。

### 5.3.3 单轴抗压强度损失率的预测模型

完全溶蚀试样仍有一定的抗压强度残余,其所能承受的极限荷载(deteriorated)$F_{cd}$可以表示为:

$$F_{cd} = (1 - k_c)\sigma_{cs}A_t \tag{5.5}$$

对于部分溶蚀试样,假定其溶蚀区域的极限荷载通过上式计算,则其所能承受的极限荷载(partially deteriorated)$F_{cp}$为溶蚀区域和未溶蚀区域承受荷载之和:

$$F_{cp} = (1 - k_c)\sigma_{cs}A_d + \sigma_{cs}(A_t - A_d) \tag{5.6}$$

从而得到部分溶蚀试样的抗压强度:

$$\sigma_{cp} = \frac{F_{cp}}{A_t} = \frac{(1 - k_c)\sigma_{cs}A_d + \sigma_{cs}(A_t - A_d)}{A_t} \tag{5.7}$$

图5.11给出了部分溶蚀试样的截面应力分布图。

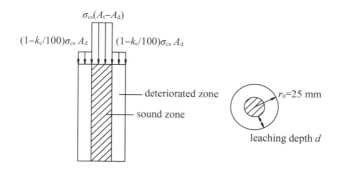

**图 5.11　强度预测模型示意图:部分溶蚀试样的截面应力分布**

将式(5.7)代入式(5.3),得到抗压强度损失率 $\Delta\sigma_c(\%)$ 为:

$$\Delta\sigma_c(\%) = \frac{\sigma_{cs} - \sigma_{cp}}{\sigma_{cs}} = \frac{\sigma_{cs}}{\sigma_{cs}} - \frac{(1-k_c)\sigma_{cs}A_d}{\sigma_{cs} \cdot A_t} - \frac{\sigma_{cs}(A_t - A_d)}{\sigma_{cs} \cdot A_t} \quad (5.8)$$

化简即:

$$\Delta\sigma_c(\%) = k_c \cdot \frac{A_d}{A_t} \quad (5.9)$$

经过模型的推导,得出的式(5.9)与式(5.4)相同。这说明此模型能够很好地反应试验数据的规律。

### 5.3.4　单轴抗压强度残余率的反演方法

完全溶蚀的水泥石试样,仍有一定的抗压强度残余,残余率与水胶比和粉煤灰掺量密切相关。根据试验数据及抗压强度损失率预测模型,绘制不同水胶比和不同粉煤灰掺量水泥石完全溶蚀时的抗压强度残余率 $r_c$ 柱状图,如图 5.12 所示。用一个平面函数方程对抗压强度残余率 $r_c$ 进行拟合,结果表明,抗压强度残余率与水胶比和粉煤灰掺量之间存在如下关系:

$$r_c = 1 - k_c = 2.463\ 3 + 46.452\ 6 \times \left(\frac{W}{C}\right) + 87.691\ 4 \times (\text{FA content})$$

$$(5.10)$$

式中:$r_c$ 为完全溶蚀试样的抗压强度残余率;$k_c$ 为完全溶蚀试样的抗压强度损失率;$W/C$ 为水胶比;FA content 为粉煤灰掺量。

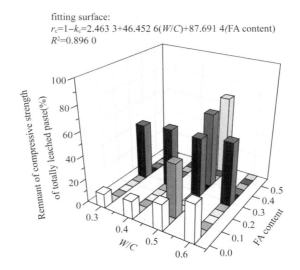

**图 5.12　不同水胶比和粉煤灰掺量水泥石在完全溶蚀时的抗压强度残余率**

由上述关系，可以推定不同配合比的水泥石试样在完全溶蚀时的抗压强度残余率。

# 5.4　弹性模量的试验结果与讨论

## 5.4.1　水胶比对弹性模量的影响

图 5.13(a)和图 5.13(b)分别给出了溶蚀组和对照组不同水胶比 PC 试样的弹性模量与时间的关系。

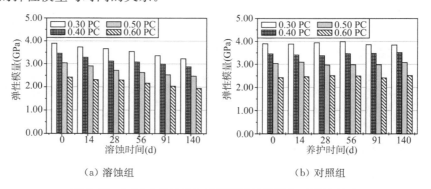

(a) 溶蚀组　　　　　　　　(b) 对照组

**图 5.13　不同水胶比 PC 试样的弹性模量与时间的关系**

由图 5.13(a)可以看出,随着溶蚀过程的进行,溶蚀组试样的弹性模量逐渐降低,造成这一现象的主要原因是固相水化产物 Ca(OH)₂ 的溶出以及 C-S-H 凝胶的脱钙,增加了试样的孔隙率,导致试样结构疏松,弹性模量下降。而对照组试样的弹性模量随养护时间增加的变化不明显,如图 5.13(b)所示。溶蚀试样的弹性模量损失率 $\Delta E$ 通过下式计算:

$$\Delta E = \frac{E_{cs} - E_{cp}}{E_{cp}} \tag{5.11}$$

式中:$E_{cs}$ 为某一龄期时对照试样的弹性模量(elastic modulus of control specimens)(GPa);$E_{cp}$ 为该龄期时溶蚀试样的弹性模量(elastic modulus of partially deteriorated specimens)(GPa)。

图 5.14 给出了不同水胶比 PC 试样弹性模量损失率 $\Delta E$ 与溶蚀时间之间的关系。从图 5.14 中可以看出,当溶蚀时间一定时,随着水胶比的增加,试样的弹性模量损失率逐渐增加。另外,在溶蚀的前期,曲线呈现出陡峭的特征,溶蚀时间对弹性模量损失率的影响较大;后期曲线逐渐趋于平缓,溶蚀时间对弹性模量损失率的影响逐渐变小。比如,溶蚀 14 d 时,0.30 PC 试样的弹性模量损失率约为 4%;溶蚀 56 d 时,弹性模量损失率约为 11%;溶蚀 140 d 时,弹性模量损失率约为 16%。

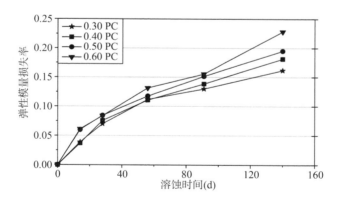

**图 5.14　不同水胶比 PC 试样的弹性模量损失率与溶蚀时间的关系**

图 5.15 给出了不同水胶比 PC 试样弹性模量损失率 $\Delta E$ 与溶蚀程度 $\alpha$ 之间的关系。从图 5.15 中可以看出,不论水胶比在 0.30~0.60 之间如何变化,PC 试样的弹性模量损失率始终与溶蚀程度线性相关。如果用经过坐标原点的

直线分别对图 5.15 中的四组试验数据进行拟合,可以得到如下结论:完全溶蚀的试样,仍有一定的残余弹性模量,并且弹性模量残余率与水胶比有关,水胶比越小,弹性模量残余率就越低。这个结论和抗压强度损失率与水胶比的关系一致。

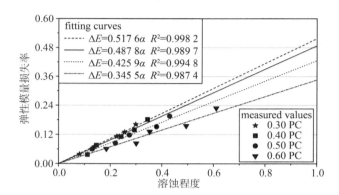

**图 5.15 不同水胶比 PC 试样的弹性模量损失率与溶蚀程度的关系**

图 5.15 的拟合直线可以用下式表示:

$$\Delta E = k_e(W/C, \text{FA content}, \cdots) \cdot \alpha = k_e \cdot \frac{A_d}{A_t} \tag{5.12}$$

式中:$k_e$ 为完全溶蚀试样的弹性模量损失率,与水胶比及粉煤灰掺量等因素有关,$k_e$ 值见表 5.2;$\alpha$ 为溶蚀程度;$A_d$ 为试样断面溶蚀区域的面积;$A_t$ 为试样断面的总面积。

**表 5.2 各组试样的 $k_e$ 值**

| 试样 | W/C | | | |
|---|---|---|---|---|
| | 0.30 | 0.40 | 0.50 | 0.60 |
| PC | 0.517 6 | 0.487 8 | 0.425 9 | 0.345 5 |
| FA10 | — | — | 0.275 4 | — |
| FA30 | 0.216 5 | 0.221 5 | 0.215 8 | 0.200 3 |
| FA40 | — | — | 0.164 0 | — |
| FA55 | — | — | 0.123 3 | — |

图 5.16(a)和图 5.16(b)分别给出了溶蚀组和对照组不同水胶比 FA30 试样的弹性模量与时间的关系。由图 5.16(a)可以看出,随着溶蚀过程的进

行,溶蚀组 FA30 试样的弹性模量逐渐降低,而对照组试样的弹性模量随养护时间的增加变化不明显,如图 5.16(b)所示。

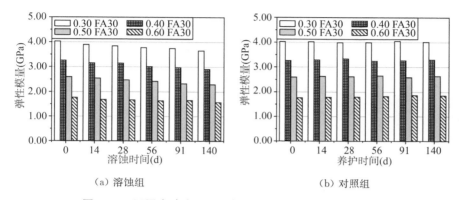

（a）溶蚀组　　　　　　　　　（b）对照组

**图 5.16　不同水胶比 FA30 试样的弹性模量与时间的关系**

图 5.17 给出了不同水胶比 FA30 试样的弹性模量损失率 $\Delta E$ 与溶蚀时间的关系。溶蚀时间一定时,随着水胶比的增加,试样弹性模量的损失率也逐渐增加。这说明相同的粉煤灰掺量不会改变水胶比对弹性模量损失率的影响规律。

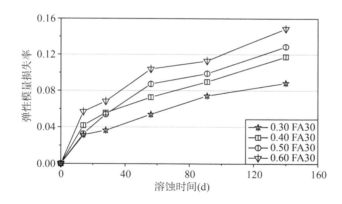

**图 5.17　不同水胶比 FA30 试样的弹性模量损失率与溶蚀时间的关系**

图 5.18 给出了不同水胶比 FA30 试样弹性模量损失率 $\Delta E$ 与溶蚀程度 $\alpha$ 之间的关系。从图 5.18 中可以看出,与 PC 试样相同,不论水胶比在 0.30～0.60 之间如何变化,FA30 试样的弹性模量损失率亦始终与溶蚀程度线性相关。

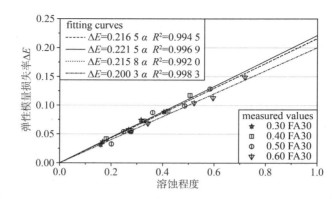

图 5.18 不同水胶比 FA30 试样的弹性模量损失率与溶蚀程度的关系

## 5.4.2 粉煤灰掺量对弹性模量的影响

图 5.19 给出了不同水胶比的 PC 试样与 FA30 试样的弹性模量与溶蚀时间的关系。由图 5.19 中可以看出，对照组的 FA30 试样与 PC 试样的弹性

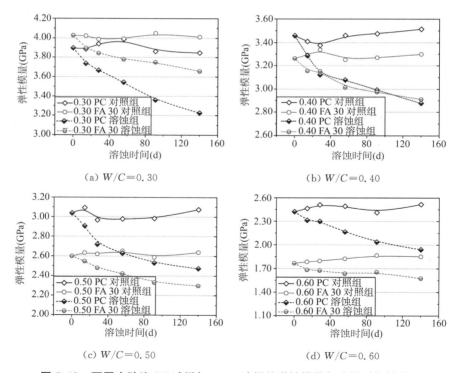

图 5.19 不同水胶比 PC 试样与 FA30 试样的弹性模量与溶蚀时间的关系

模量存在如下规律:当水胶比较大($W/C$=0.50 或 0.60)时,FA30 试样的弹性模量均明显低于 PC 试样;当水胶比降至 0.40 时,FA30 试样的弹性模量与 PC 试样的略微接近;而当水胶比较小($W/C$=0.30)时,FA30 试样的弹性模量略高于 PC 试样。溶蚀组 FA30 试样与 PC 试样的弹性模量都随时间的增长而降低。从图 5.19 中可以看出:在任一时间,溶蚀组与对照组之间的曲线会形成一个开口,这个开口反应了试样弹性模量的损失量。当水胶比在 0.30~0.60 之间变化时,FA30 试样对照组与溶蚀组之间的开口总是小于 PC 试样。这说明掺入 30%粉煤灰以后,试样的弹性模量损失量降低,因此抗溶蚀能力得到提高。通过比较图 15.14 和图 5.17,或者比较图 5.15 和图 5.18,也可得到相同的结论。

用经过坐标原点的直线对图 5.18 中的四组试验数据分别进行拟合,通过表 5.2 中的 $k_e$ 值,可以看出:与不掺粉煤灰的 PC 试样相比,掺 30%粉煤灰试样的弹性模量残余率增大,抗溶蚀能力得到显著改善。产生这种现象的原因如前文所述,主要是掺入的粉煤灰会与水化产物中的 $Ca(OH)_2$ 发生二次水化,降低试样中 $Ca(OH)_2$ 的相对含量,从而降低了试样中可供溶出的 $Ca(OH)_2$ 含量。另外,从图 5.18 和表 5.2 中也可以看出,水胶比越小,粉煤灰对纯水泥石的这种改善效果也越明显。

为了研究粉煤灰掺量对试样弹性模量损伤规律的影响,图 5.20(a)和图 5.20(b)分别给出了溶蚀组和对照组不同粉煤灰掺量 $W/C$=0.50 试样的弹性模量与时间的关系。由图 5.20 可以看出,随着溶蚀过程的进行,溶蚀组试样的弹性模量逐渐降低,原因同前。而对照组试样的弹性模量随养护时间增加的变化不明显,如图 5.20(b)所示。

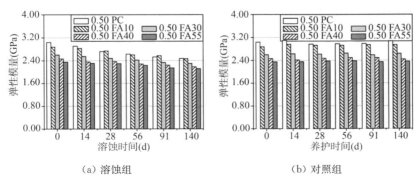

图 5.20　不同 FA 掺量 $W/C$=0.50 试样的弹性模量与时间的关系

图 5.21 给出了不同粉煤灰掺量的 $W/C=0.50$ 试样的弹性模量损失率 $\Delta E$ 与溶蚀时间的关系。溶蚀时间一定时,随着粉煤灰掺量的增加,试样的弹性模量损失率逐渐降低。产生这一现象的原因如 5.3.2 小节所述。

根据水泥和粉煤灰化学成分的不同,粉煤灰的最佳掺量也在一定的范围之内变动。由图 5.21 可以看出,当溶蚀时间一定时,粉煤灰掺量为 55% 的水泥石试样,其弹性模量的损失率是最小的。

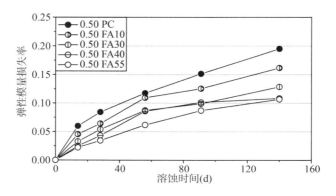

**图 5.21 不同 FA 掺量的 $W/C=0.50$ 试样的弹性模量损失率与溶蚀时间的关系**

图 5.22 给出了不同粉煤灰掺量 $W/C=0.50$ 试样的弹性模量损失率 $\Delta E$ 与溶蚀程度 $\alpha$ 之间的关系。从图中可以看出,在水胶比相同的条件下,随着粉煤灰掺量的增加,完全溶蚀试样的弹性模量残余率逐渐提高。除此之外,当粉煤灰掺量较小时,改变掺量对试样抗溶蚀的影响比较明显;而当粉煤灰掺量逐渐增大时,改变掺量对试样的抗溶蚀影响逐渐变弱。例如,当粉煤灰的

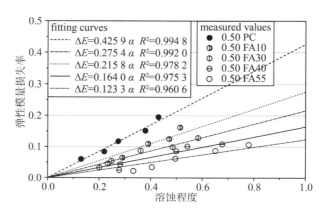

**图 5.22 不同 FA 掺量的 $W/C=0.50$ 试样的弹性模量损失率与溶蚀程度的关系**

掺量为 10% 时,完全溶蚀试样弹性模量的损失率约为 PC 试样的 2/3;而当粉煤灰掺量增加至 40% 时,完全溶蚀试样弹性模量的损失率仅约为 PC 试样的 2/5。也就是说,试样的弹性模量损失率并不随粉煤灰的掺量增加成线性增加。但是,通过图 5.22 和表 5.2 中的 $k_e$ 值可以看出,同粉煤灰对抗压强度残余率的改善作用类似,粉煤灰对弹性模量残余率的改善作用也十分明显,例如:掺 40% 和 55% 粉煤灰水泥石在完全溶蚀后,弹性模量损失率都约为纯水泥石弹性模量损失率的 1/3。

比较图 5.21 和图 5.22,还可以看出:0.50 FA55 试样完全溶蚀后的弹性模量残余率并不低于 0.50 FA40 试样的弹性模量残余率,只是其溶蚀速度要比后者增快了一些,因此,在溶蚀过程中,特别是溶蚀后期,其弹性模量的损失率也较大。

### 5.4.3　弹性模量损失率的预测模型

与抗压强度预测模型的建立类似,完全溶蚀的水泥石试样仍有一定的弹性模量残余 $E_{cd}$,可以表示为:

$$E_{cd} = (1 - k_e) E_{cs} \tag{5.13}$$

对于部分溶蚀试样,假定其溶蚀区域的弹性模量通过上式计算得到,则其总体的弹性模量(partially deteriorated)$E_{cp}$ 为溶蚀区域和未溶蚀区域承受荷载之和:

$$E_{cp} = \alpha \cdot (1 - k_e) \cdot E_{cs} + (1 - \alpha) \cdot E_{cs} \tag{5.14}$$

将上式代入式(5.11),得到部分溶蚀试样的弹性模量损失率:

$$\Delta E = 1 - \frac{E_{cd}}{E_{cs}} = 1 - \frac{\alpha \cdot (1 - k_e) \cdot E_{cs}}{E_{cs}} - \frac{(1 - \alpha) \cdot E_{cs}}{E_{cs}} \tag{5.15}$$

化简即得:

$$\Delta E = k_e \cdot \alpha \tag{5.16}$$

经过上述推导过程得出的式(5.16)与式(5.12)完全一致,说明此模型能够很好地反应试验数据的规律。弹性模量预测模型的示意图如图 5.23 所示。

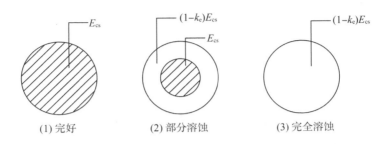

图 5.23 弹性模量预测模型示意图:完好试样、部分溶蚀试样和完全溶蚀试样截面弹性模量的分布

## 5.4.4 弹性模量残余率的反演方法

完全溶蚀的水泥石试样,仍有一定的弹性模量残余,残余率与水胶比和粉煤灰掺量密切相关。根据试验数据及弹性模量损失率预测模型,绘制不同水胶比和不同粉煤灰掺量水泥石完全溶蚀时的弹性模量残余率 $r_e$ 的柱状图,如图 5.24 所示。用一个平面函数方程对弹性模量残余率 $r_e$ 进行拟合,结果表明,弹性模量残余率与水胶比和粉煤灰掺量之间存在如下关系:

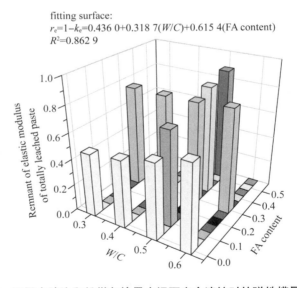

图 5.24 不同水胶比和粉煤灰掺量水泥石完全溶蚀时的弹性模量残余率

$$r_e = 1 - k_e = 0.436\,0 + 0.318\,7 \times \left(\frac{W}{C}\right) + 0.615\,4 \times (\text{FA content})$$

$$(5.17)$$

式中：$r_e$ 为完全溶蚀试样的弹性模量残余率；$k_e$ 为完全溶蚀试样的弹性模量损失率；$W/C$ 为水胶比；FA content 为粉煤灰掺量。

由上述关系，可以推定不同配合比的水泥石试样在完全溶蚀时的弹性模量残余率。

## 5.5　弹性模量和单轴抗压强度之关系

### 5.5.1　现有经验公式

水泥石抗压强度和弹性模量的变化规律大体相近，这可能与水泥石的抗压强度和弹性模量同时取决于水泥石内部产物组成、孔隙结构、产物之间的胶结状态、产物本身的强度性能等有关。因此，抗压强度和弹性模量是水泥石内部组成及微观结构特征在不同侧面的力学表现，故水泥石抗压强度和弹性模量之间必然存在某种联系。

张景富等[149]采用回归方法分析了水泥石弹性模量和抗压强度之间的关系，建立了单轴应力条件下水泥石抗压强度与弹性模量之间的数学关系模型：

$$E = 4.027\,9\,(\sigma_c)^{0.179\,4} \tag{5.18}$$

式中：$E$ 和 $\sigma_c$ 的单位分别为 GPa 和 MPa。

此外，对于中强混凝土（normal strength concrete）和高强混凝土（high strength concrete）弹性模量与抗压强度之间的关系，国外的一些规范提出了不同的函数关系式。

对于中强混凝土：

ACI 318—95[150]　　　　　　　　　$E = 4.73\,(\sigma_c)^{1/2} \tag{5.19}$

TS—500[151]　　　　　　　　　$E = 3.25\,(\sigma_c)^{1/2} + 14 \tag{5.20}$

对于高强混凝土：

ACI 363[152]　　　　　　　　　$E = 3.32\,(\sigma_c)^{1/2} + 6.9 \tag{5.21}$

CEB-FIB[153] $$E = 10 \ (\sigma_c + 8)^{1/3} \qquad (5.22)$$

NS 3473 E[154] $$E = 9.5 \ (\sigma_c)^{0.3} \qquad (5.23)$$

在式(4.19)至式(4.23)中：$E$ 和 $\sigma_c$ 的单位分别为 GPa 和 MPa。

Demir[155-156]研究了中强以及高强混凝土弹性模量和抗压强度的关系，并且建立了弹性模量的预测模型。吕德生等[157]提出高强混凝土的弹性模量与抗压强度的平方根之间成线性相关，并且通过对高强混凝土的试验研究得到：

$$E = 1\ 600(\sigma_c)^{1/2} + 23\ 500 \qquad (5.24)$$

## 5.5.2 基于溶蚀过程的水泥石弹性模量与单轴抗压强度的关系

绘制对照组和溶蚀组试样的弹性模量-抗压强度关系曲线图，如图 5.25 所示。

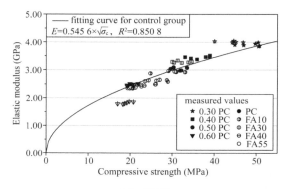

（a）对照组

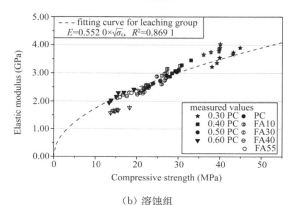

（b）溶蚀组

**图 5.25 弹性模量与抗压强度的关系**

用式(5.25)所示的函数分别对图中的数据点进行拟合:

$$E = k_{ec}(\sigma_c)^{1/2} \qquad (5.25)$$

式中:$k_{ec}$ 为参数。

拟合结果显示:对照组的 $k_{ec} = 0.545\ 6$,溶蚀组的 $k_{ec} = 0.552\ 0$,两组拟合结果非常相近,相差仅为 $1.17\%$。可见,溶蚀过程对水泥石弹性模量与抗压强度之间的相对关系并没有很大的影响,溶蚀水泥石的弹性模量仍然与抗压强度的平方根存在良好的线性关系。

## 5.6 弹性模量损失率和单轴抗压强度损失率之关系

以抗压强度损失率 $\Delta\sigma_c$ 为横坐标,弹性模量损失率 $\Delta E$ 为纵坐标,绘制如图 5.26 所示的关系图。由图中可以看出:PC 和 FA30 试样的弹性模量损失率-抗压强度损失率关系曲线随水胶比的变化差别不大,而 $W/C = 0.50$ 试样的曲线随粉煤灰掺量的变化差别较为明显。

由于弹性模量损失率 $\Delta E$ 和抗压强度损失率 $\Delta\sigma_c$ 都与试样的溶蚀深度成线性关系,因此可以用一条经过原点的直线对图 5.26 中的数据进行拟合,得到图 5.27。由图 5.27 可知:粉煤灰掺量对拟合曲线的影响比较明显,而水胶比对拟合曲线的影响非常微弱。当抗压强度损失率一定时,掺粉煤灰的水泥石试样,其弹性模量损失率较不掺粉煤灰的纯水泥石试样要小。

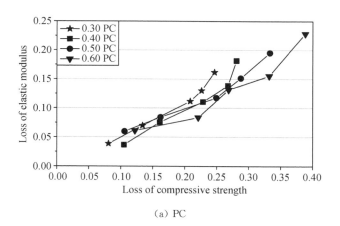

(a) PC

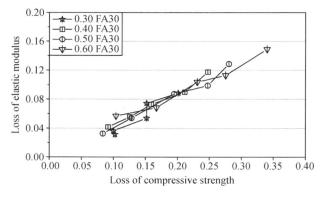

（b）FA30

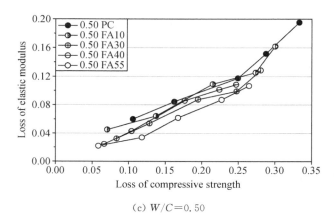

（c）$W/C = 0.50$

**图 5.26 弹性模量损失率与抗压强度损失率的关系**

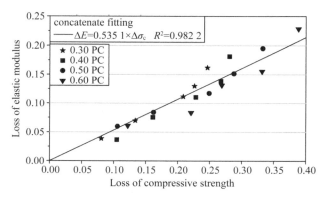

（a）PC

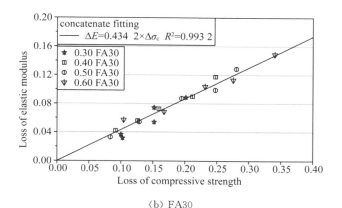

(b) FA30

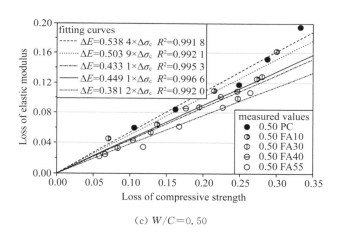

(c) $W/C = 0.50$

**图 5.27　弹性模量损失率与抗压强度损失率的拟合函数**

# 5.7　本章小结

  本章对不同水胶比和不同粉煤灰掺量水泥石试样进行了单轴压缩试验,获得了试样在不同龄期时的抗压强度和弹性模量,探明了抗压强度和弹性模量随水胶比和粉煤灰掺量改变的变化规律,建立了溶蚀水泥石试样抗压强度损失率和弹性模量损失率的预测模型,提出了抗压强度残余率和弹性模量残余率的反演方法。得到的主要结论如下:

  (1) 对于不同配合比的水泥石,溶蚀试样的抗压强度都随溶蚀时间的增加而减小,对照试样在养护 91 d 之后的抗压强度稍有增长,但变化不大。

(2) 对于水胶比为 0.30~0.60 范围内的水泥石,当溶蚀程度一定时,溶蚀试样的抗压强度损失率随水胶比的增大而减小;当水胶比一定时,掺加 30% 粉煤灰试样的抗压强度损失率较不掺粉煤灰试样的更小,抗溶蚀能力更强。

(3) 对于粉煤灰掺量为 10%~55% 范围内的水泥石,当溶蚀程度一定时,溶蚀试样的抗压强度损失率随着粉煤灰掺量的增加而减小。另外,粉煤灰掺量较小时,增大掺量对抗压强度损失率的改善作用更加明显;而当粉煤灰掺量逐渐增大时,增大掺量对试样的抗压强度损失率的改善作用逐渐变弱。

(4) 水胶比和粉煤灰掺量对弹性模量的影响规律与对抗压强度的相似,不再赘述。

(5) 溶蚀试样抗压强度损失率与溶蚀程度成线性正相关。粉煤灰掺量相同时,水胶比越小,完全溶蚀试样的抗压强度损失率越小;水胶比相同时,粉煤灰掺量越小,完全溶蚀试样的抗压强度损失率越大。通过溶蚀试样弹性模量损失率的预测模型可以看出,溶蚀试样弹性模量损失率与溶蚀程度成线性正相关。

(6) 溶蚀过程对水泥石弹性模量和抗压强度之间的相对关系影响不大。

(7) 溶蚀试样弹性模量损失率与抗压强度损失率成线性正相关。水胶比对弹性模量损失率-抗压强度损失率关系曲线的斜率影响较小,粉煤灰掺量对弹性模量损失率-抗压强度损失率关系曲线的斜率影响较大。

# 第6章 溶蚀水泥石梁的抗弯试验研究

## 6.1 引言

以弯曲为主要变形特征的杆件称为梁,弯曲强度是水泥基材料结构的一项重要性能指标,许多学者针对弯曲强度的影响因素及其与抗压强度的关系开展了相关研究[158-175],但是针对溶蚀过程影响下的抗弯强度变化规律的研究成果较少。本章对不同配合比的溶蚀试样和对照试样进行系统的三点弯曲试验(three-point bending test),以获得水泥石梁在不同龄期时的三点弯曲强度(抗弯强度),探寻不同配合比水泥石抗弯强度的变化规律。此外,对试样进行单轴压缩试验并测定试样的溶蚀深度,旨在以试验数据为基础建立水泥石梁抗弯强度的长期预测模型,提出抗弯强度残余率的反演方法。

## 6.2 试验

在一般情况下,梁内同时存在弯矩和剪力,因此在梁的横截面内同时存在正应力和切应力。若梁或一段梁内的各横截面内只存在数值为常量的弯矩而不存在剪力,则称在该梁或该段梁内的弯曲为纯弯曲。在弹性变形范围内,材料力学给出了梁横截面内最大弯曲正应力 $\sigma_f$ 的公式:

$$\sigma_f = \frac{M \times y_{max}}{I_z} \tag{6.1}$$

式中:$M$ 为弯矩(N·mm);$y_{\max}$ 为横截面内离中性轴的最远距离(mm);$I_z$ 为梁横截面的惯性矩(mm⁴)。

弯曲试验常采用矩形或者圆形截面试样。根据加载方式的不同可以分为三点弯曲试验和四点弯曲试验,分别如图 6.1(a)和图 6.1(b)所示。四点弯曲试验两个加载点之间的梁段受到等弯矩的作用,因此梁通常在该段内有组织缺陷的地方发生断裂破坏,试验结果较为精确,且能反映材料的性质。进行三点弯曲试验时,梁总在最大弯矩附近断裂。两者相比,三点弯曲试验方法操作较为简单。

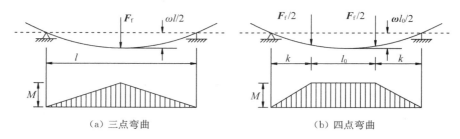

（a）三点弯曲　　　　　　　　　　（b）四点弯曲

**图 6.1　弯曲试验加载方式**

采用三点弯曲方式对棱柱体水泥石试样进行加载。制作矩形截面水泥石梁,成型和养护方法详见第三章,溶蚀试样的制备方法如图 6.2(a)所示。将溶蚀试样和对照试样分别从 $NH_4Cl$ 溶液和饱和 $Ca(OH)_2$ 溶液中取出,擦干试样表面。将试样放置于 CSS—44100 型电子万能试验机的支座上,支座跨度为 100 mm。在梁跨中施加一个集中荷载,直至试样破坏,记录下极限破坏荷载 $F_{fu}$,读数精确至 0.001 kN。在三点弯曲中,梁跨中截面的弯矩 $M=Fl/4$,矩形截面梁的截面惯性矩 $I_z=bh^3/12$,因此试样的抗弯强度 $\sigma_f$ 按下式计算:

$$\sigma_f = \frac{3F_{fu}l}{2bh^2} \tag{6.2}$$

式中:$\sigma_f$ 为抗弯强度(flexural strength)(MPa);$F_{fu}$ 为极限破坏荷载(ultimate load)(N);$l=100$,为试样的跨度(mm);$b=40$,为试样横截面的宽度(mm);$h=40$,为试样横截面的高度(mm)。以 3 个试样测试值的平均值作为最终的抗弯强度值,精确至 0.01 MPa。

三点弯曲试验完成之后,将折断的试样切成边长为 40 mm 的立方体,如

图 6.2(b)所示。测量试样的溶蚀深度后,进行单轴压缩试验,获取试样的抗压强度和弹性模量。

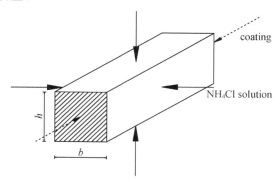

（a）三点弯曲试验试样的制备:对梁的四个侧面进行溶蚀,而两个端面用环氧树脂封护

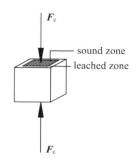

（b）单轴压缩试验试样的制备:将断梁切成立方体试样,压荷载垂直于溶蚀方向施加

**图 6.2　溶蚀试样的制备**

## 6.3　抗弯强度的试验结果与讨论

### 6.3.1　水胶比对抗弯强度的影响

图 6.3(a)和图 6.3(b)分别给出了溶蚀组和对照组不同水胶比 PC 试样的抗弯强度与时间的关系。由图 6.3(a)可以看出,随着溶蚀过程的进行,溶蚀组试样的抗弯强度逐渐降低。可见,固相水化产物 $Ca(OH)_2$ 的溶出以及 C－S－H 凝胶的脱钙会导致试样的孔隙率增大,孔结构改变,因此抗弯强度降低。而对照组试样的抗弯强度随养护时间增长稍有增加,如图 6.3(b)所示。

溶蚀试样的抗弯强度损失率 $\Delta\sigma_f(\%)$ 通过下式计算：

$$\Delta\sigma_f(\%) = \frac{\sigma_{fs} - \sigma_{fp}}{\sigma_{fp}} \tag{6.3}$$

式中：$\sigma_{fs}$ 为某一龄期时对照试样的抗弯强度(flexural strength of sound specimens)(MPa)；$\sigma_{fp}$ 为该龄期时溶蚀试样的抗弯强度(flexural strength of partially deteriorated specimens)(MPa)。

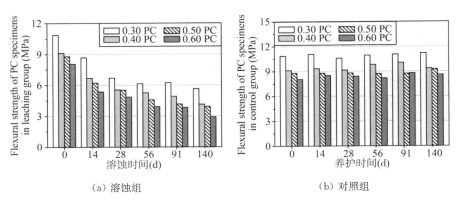

（a）溶蚀组　　　　　　　　　　　　　（b）对照组

**图 6.3　不同水胶比 PC 试样的抗弯强度与时间的关系**

图 6.4 给出了不同水胶比 PC 试样抗弯强度损失率 $\Delta\sigma_f(\%)$ 与溶蚀时间之间的关系。从图 6.4 中可以看出，当溶蚀时间不变时，随着水胶比的增加，试样的抗弯强度损失率也逐渐增加。这种现象是由于增加水胶比将会导致试样的结构更加疏松多孔，从而增加了固相水化产物 $Ca(OH)_2$ 和 C-S-H

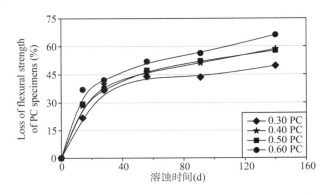

**图 6.4　不同水胶比 PC 试样的抗弯强度损失率与溶蚀时间的关系**

凝胶等的溶解和扩散速度,因此会加快溶蚀过程。另外,在溶蚀的初期,曲线比较陡峭,这说明溶蚀时间对抗弯强度损失率的影响较大;后期曲线逐渐趋于平缓,因此溶蚀时间对抗弯强度损失率的影响逐渐变小。例如,溶蚀 14 d时,0.30 PC 试样的抗弯强度损失率约为 22%;溶蚀 56 d 时,抗弯强度损失率约为 44%;溶蚀 140 d 时,抗弯强度损失率约为 50%。

图 6.5 给出了不同水胶比 PC 试样抗弯强度损失率 $\Delta\sigma_f(\%)$ 与溶蚀程度 $\alpha$ 之间的关系。从图 6.5 中可以看出,不论水胶比如何变化,溶蚀程度 $\alpha$ 越大,试样的抗弯强度损失率就越大。$\Delta\sigma_f$ 与 $\alpha$ 之间并不呈现出像 $\Delta\sigma_c$ 与 $\alpha$ 之间的线性关系。但是通过试验数据不难看出:完全溶蚀的试样,仍残余一定的抗弯强度。如果要对抗弯强度残余率与溶蚀时间或者与水胶比之间的关系进行详细的研究,就必须建立 $\Delta\sigma_f$ 与 $\alpha$ 之间的关系。

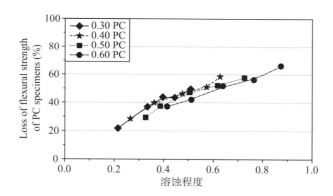

**图 6.5　不同水胶比 PC 试样的抗弯强度损失率与溶蚀程度的关系**

图 6.6(a)和图 6.6(b)分别给出了溶蚀组和对照组不同水胶比 FA30 试样的抗弯强度与时间的关系。由图 6.6(a)可以看出,随着溶蚀过程的进行,溶蚀组 FA30 试样的抗弯强度逐渐降低,造成这一现象的主要原因同样也是固相水化产物 $Ca(OH)_2$ 的溶出以及 C-S-H 凝胶的脱钙。而对照组试样的抗弯强度随养护时间的改变变化不大,如图 6.6(b)所示。

图 6.7 给出了不同水胶比 FA30 试样的抗弯强度损失率 $\Delta\sigma_f(\%)$ 与溶蚀时间之间的关系。溶蚀时间一定时,随着水胶比的增加,试样的抗弯强度损失率也逐渐增加。这说明相同的粉煤灰掺量不会改变水胶比对抗弯强度损失率的影响规律。

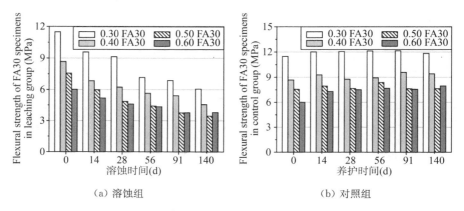

（a）溶蚀组 （b）对照组

**图 6.6  不同水胶比 FA30 试样的抗弯强度与时间的关系**

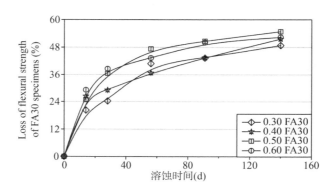

**图 6.7  不同水胶比的 FA30 试样的抗弯强度损失率与溶蚀时间的关系**

图 6.8 给出了不同水胶比 FA30 试样抗弯强度损失率 $\Delta\sigma_f$（％）与溶蚀程

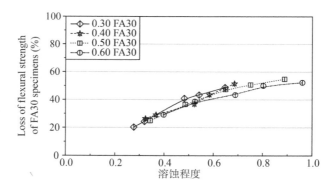

**图 6.8  不同水胶比 FA30 试样的抗弯强度损失率与溶蚀程度的关系**

度 α 之间的关系。从图 6.8 中可以看出,当粉煤灰掺量都为 30% 时,不论水胶比在 0.30～0.60 之间如何变化,试样的抗弯强度损失率都随溶蚀程度的增大而增加,并且如 PC 系列试样一样,抗弯强度损失率与溶蚀程度之间也并不呈现明显的线性关系。

## 6.3.2　粉煤灰掺量对抗弯强度的影响

图 6.9 给出了不同水胶比的 PC 试样与 FA30 试样的抗弯强度与溶蚀时间的关系。由图 6.9 中可以看出,对照组的 FA30 试样与 PC 试样的抗弯强度存在如下规律:当水胶比较大($W/C=0.50$ 或 0.60)时,FA30 试样的抗弯强度均低于 PC 试样;当水胶比降至 0.40 时,FA30 试样的抗弯强度与 PC 试样的比较接近;而当水胶比较小($W/C=0.30$)时,FA30 试样的抗弯强度略高于 PC 试样。溶蚀组 FA30 试样与 PC 试样的抗弯强度都随时间的增长而降低。

从图 6.9 中还可以看出,溶蚀组与对照组之间的曲线有一个开口,这个开口反映了试样在某一时间的抗弯强度损失量。当水胶比在 0.30～0.60 之间变化时,FA30 试样对照组与溶蚀组的开口总是小于 PC 试样。这说明掺入 30% 粉煤灰以后,试样的抗弯强度损失量降低,因此抗溶蚀能力得到提高。通过比较图 6.4 和图 6.7,或者比较图 6.5 和图 6.8,也可得到相同的结论。

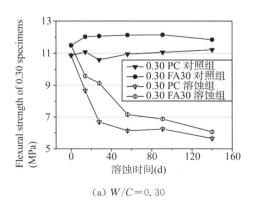

(a) $W/C=0.30$

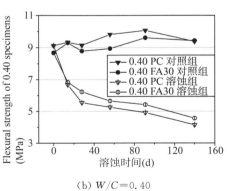

(b) $W/C=0.40$

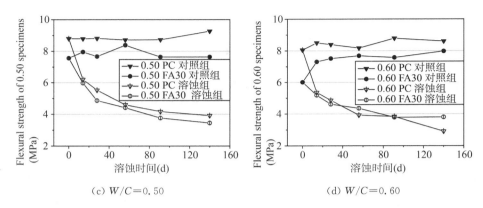

（c）$W/C=0.50$　　　　　　　　（d）$W/C=0.60$

**图 6.9　不同水胶比 PC 试样与 FA30 试样的抗弯强度与溶蚀时间的关系**

通过对图 6.5 和图 6.8 的比较能够发现：当溶蚀程度一定时，掺 30% 粉煤灰的水泥石试样，其抗弯强度残余率较纯水泥石试样的大，抗溶蚀能力得到显著改善。产生这种现象的原因主要是掺入的粉煤灰会与水化产物中的 $Ca(OH)_2$ 发生二次水化，降低试样中 $Ca(OH)_2$ 的相对含量，从而降低试样中可供溶出的 $Ca(OH)_2$ 含量。

为了研究粉煤灰掺量对试样抵抗溶蚀特性的影响，图 6.10（a）和图 6.10（b）分别给出了溶蚀组和对照组不同粉煤灰掺量 $W/C=0.50$ 试样的抗弯强度与时间的关系。由图 6.10 可以看出，随着溶蚀过程的进行，溶蚀组试样的抗弯强度逐渐降低，原因同前。对照组试样的抗弯强度随养护时间增加稍有增加，如图 6.10（b）所示。

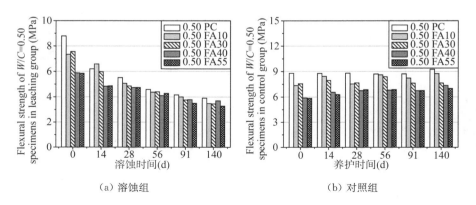

（a）溶蚀组　　　　　　　　　（b）对照组

**图 6.10　不同 FA 掺量 $W/C=0.50$ 试样的抗弯强度与时间的关系**

图 6.11 给出了不同粉煤灰掺量的 $W/C=0.50$ 试样的抗弯强度损失率 $\Delta\sigma_f$（%）与溶蚀时间的关系。溶蚀时间一定时，随着粉煤灰掺量的增加，试样的抗弯强度损失率逐渐降低。产生这一现象的原因可以归纳为以下几个方面：① 当粉煤灰掺量较低时，二次水化消耗的 $Ca(OH)_2$ 也较少，因此对水泥净浆抵抗溶蚀能力的改善效果不是很明显；② 随着粉煤灰掺量的逐渐增大，消耗的 $Ca(OH)_2$ 逐渐增多，改善效果越来越明显。直到掺入粉煤灰的质量恰能与前期水化反应生成的 $Ca(OH)_2$ 完全反应时，此时试样抵抗溶蚀的能力达到最大，此时粉煤灰的掺量为最佳掺量；③ 当粉煤灰的掺量超过此值后，多余的粉煤灰作为填料，只会增加试样的孔隙率，从而加快试样的溶蚀速度，对水泥石抵抗溶蚀反而是不利的。

根据水泥和粉煤灰化学成分的不同，粉煤灰的最佳掺量也在一定的范围之内变动。由图 6.11 可以看出，当溶蚀时间一定时，粉煤灰掺量为 40% 的水泥石试样，其抗弯强度损失率是最小的。

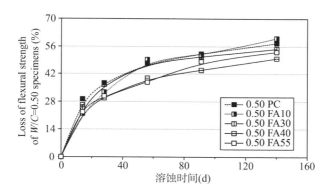

**图 6.11 不同 FA 掺量的 $W/C=0.50$ 试样的抗弯强度损失率与溶蚀时间的关系**

图 6.12 给出了不同粉煤灰掺量的 $W/C=0.50$ 试样抗弯强度损失率 $\Delta\sigma_f$（%）与溶蚀程度 $\alpha$ 之间的关系。从图 6.12 中可以看出，当溶蚀程度一定时，随着粉煤灰掺量的增加，溶蚀试样的抗弯强度损失率越低，抗弯强度残余率也就越高。除此之外，当粉煤灰掺量较小时，增大掺量对试样抗弯强度损失率的改善作用比较明显；而当粉煤灰掺量逐渐增大时，增大掺量对试样的抗弯强度损失率的改善作用逐渐变弱。例如：当粉煤灰掺量超过 40% 时，增大掺量对抗弯强度损失率的改善作用已经不是很明显了。

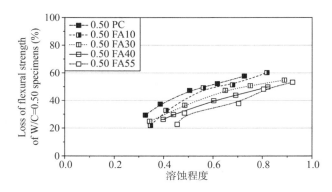

**图 6.12　不同 FA 掺量的 $W/C=0.50$ 试样的抗弯强度损失率与溶蚀程度的关系**

# 6.4　抗弯强度损失率预测模型所需参数

　　将三点弯曲试验后断裂的试样按照图 6.2(b)所述的方法制备成单轴压缩试验所需的试样,测量试样的溶蚀深度后,对图 6.2(b)中所示的承压面进行加载。单轴压缩试验所用仪器和加载速率与第四章相同。单轴压缩试验的目的是获得试样的抗压强度和弹性模量。

## 6.4.1　溶蚀深度

　　溶蚀组试样在不同溶蚀时间的断面照片见表 6.1。使用溶解峰线法测定溶蚀组试样在不同溶蚀时间的溶蚀深度,结果列于表 6.2。

**表 6.1　溶蚀组试样在不同溶蚀时间的断面照片**

| 试样 | 溶蚀时间(d) | | | |
|---|---|---|---|---|
| | 28 | 56 | 91 | 140 |
| 0.30 PC | | | | |

续表

| 试样 | 溶蚀时间（d） | | | |
| --- | --- | --- | --- | --- |
| | 28 | 56 | 91 | 140 |
| 0.30 FA30 | | | | |
| 0.40 PC | | | | |
| 0.40 FA30 | | | | |
| 0.50 PC | | | | |
| 0.50 FA10 | | | | |
| 0.50 FA30 | | | | |

| 试样 | 溶蚀时间(d) | | | |
|------|------|------|------|------|
| | 28 | 56 | 91 | 140 |
| 0.50 FA40 | | | | |
| 0.50 FA55 | | | | |
| 0.60 PC | | | | |
| 0.60 FA30 | | | | |

表 6.2 溶蚀组试样在不同溶蚀时间的溶蚀深度(mm)

| 试样 | 溶蚀时间(d) | | | | |
|------|------|------|------|------|------|
| | 14 | 28 | 56 | 91 | 140 |
| 0.30 PC | 2.28 | 3.68 | 4.46 | 5.09 | 5.98 |
| 0.30 FA30 | 2.99 | 3.51 | 5.60 | 6.47 | 8.12 |
| 0.40 PC | 2.85 | 4.02 | 5.52 | 6.93 | 7.80 |
| 0.40 FA30 | 3.56 | 4.09 | 6.19 | 7.10 | 8.79 |
| 0.50 PC | 3.59 | 4.33 | 5.93 | 7.63 | 9.54 |
| 0.50 FA10 | 3.83 | 4.64 | 6.75 | 8.67 | 10.87 |
| 0.50 FA30 | 3.80 | 5.65 | 8.16 | 10.01 | 13.32 |

| 试样 | 溶蚀时间(d) | | | | |
|---|---|---|---|---|---|
| | 14 | 28 | 56 | 91 | 140 |
| 0.50 FA40 | 4.49 | 5.03 | 7.39 | 8.89 | 11.55 |
| 0.50 FA55 | 5.23 | 5.63 | 9.11 | 11.16 | 14.40 |
| 0.60 PC | 4.69 | 6.02 | 7.99 | 10.29 | 12.88 |
| 0.60 FA30 | 4.48 | 6.22 | 8.84 | 11.12 | 16.03 |

试样的溶蚀程度由溶蚀深度按下式计算：

$$\alpha = 1 - \frac{(b-2d)(h-2d)}{b \cdot h^2} \tag{6.4}$$

## 6.4.2　单轴抗压强度

溶蚀组和对照组的水泥石试样在不同溶蚀时间的抗压强度见表 6.3 和表 6.4。

表 6.3　溶蚀组试样在不同溶蚀时间的抗压强度(MPa)

| 试样 | 溶蚀时间(d) | | | | | |
|---|---|---|---|---|---|---|
| | 0 | 14 | 28 | 56 | 91 | 140 |
| 0.30 PC | 91.68 | 76.24 | 70.30 | 63.49 | 53.13 | 45.76 |
| 0.30 FA30 | 78.26 | 71.26 | 74.18 | 65.03 | 63.72 | 53.87 |
| 0.40 PC | 65.95 | 54.35 | 45.26 | 42.82 | 33.34 | 30.11 |
| 0.40 FA30 | 62.27 | 54.87 | 52.97 | 47.52 | 42.69 | 40.12 |
| 0.50 PC | 46.95 | 36.04 | 35.57 | 28.60 | 24.90 | 21.88 |
| 0.50 FA10 | 49.50 | 41.65 | 41.05 | 30.22 | 28.45 | 23.57 |
| 0.50 FA30 | 40.34 | 33.33 | 31.01 | 25.46 | 25.14 | 22.49 |
| 0.50 FA40 | 34.03 | 31.59 | 33.48 | 29.18 | 26.52 | 25.31 |
| 0.50 FA55 | 28.66 | 26.14 | 26.03 | 24.90 | 20.26 | 18.83 |
| 0.60 PC | 37.42 | 27.61 | 27.42 | 23.13 | 19.54 | 15.92 |
| 0.60 FA30 | 30.88 | 23.84 | 21.98 | 18.85 | 18.65 | 15.28 |

表 6.4 对照组试样在不同溶蚀时间的抗压强度(MPa)

| 试样 | 养护时间(d) | | | | | |
|---|---|---|---|---|---|---|
| | 0 | 14 | 28 | 56 | 91 | 140 |
| 0.30 PC | 91.68 | 91.82 | 93.49 | 92.50 | 91.10 | 92.44 |
| 0.30 FA30 | 78.26 | 80.56 | 87.30 | 91.16 | 92.96 | 91.52 |
| 0.40 PC | 65.95 | 67.01 | 67.76 | 67.89 | 66.03 | 66.45 |
| 0.40 FA30 | 62.27 | 65.47 | 65.86 | 65.77 | 64.20 | 66.41 |
| 0.50 PC | 46.95 | 47.72 | 48.43 | 46.36 | 48.07 | 48.98 |
| 0.50 FA10 | 49.50 | 51.53 | 51.31 | 52.04 | 48.40 | 49.29 |
| 0.50 FA30 | 40.34 | 39.17 | 40.29 | 40.71 | 41.43 | 41.68 |
| 0.50 FA40 | 34.03 | 36.58 | 40.31 | 38.35 | 38.97 | 40.65 |
| 0.50 FA55 | 28.66 | 29.12 | 30.98 | 32.05 | 32.09 | 32.97 |
| 0.60 PC | 37.42 | 38.62 | 40.02 | 40.81 | 39.54 | 40.42 |
| 0.60 FA30 | 30.88 | 28.57 | 29.47 | 28.84 | 30.96 | 31.48 |

根据表 6.3 和表 6.4 中数据,按照第四章中的计算方法,得到不同溶蚀程度时的抗压强度损失率。然后根据第四章中试样的抗压强度损失率与溶蚀程度之间存在良好的线性关系这一结论,对数据点进行线性拟合,拟合曲线的斜率即为完全溶蚀试样的抗压强度损失率。试验数据点和拟合曲线见图6.13。

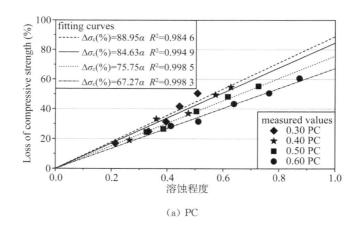

(a) PC

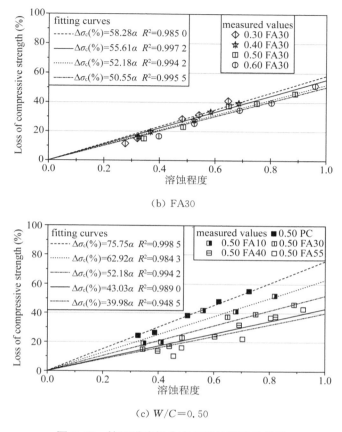

(b) FA30

(c) $W/C=0.50$

**图 6.13　抗压强度损失率与溶蚀程度的关系**

## 6.4.3　弹性模量

溶蚀组和对照组的水泥石试样在不同溶蚀时间的弹性模量见表 6.5 和表 6.6。根据表中数据,按照与抗压强度类似的处理方法,得到不同溶蚀程度时的弹性模量损失率。然后对数据点进行线性拟合,拟合曲线的斜率即为完全溶蚀试样的弹性模量损失率。试验数据点和拟合曲线见图 6.14。

**表 6.5　溶蚀组试样在不同溶蚀时间的弹性模量(GPa)**

| 试样 | 溶蚀时间(d) | | | | | |
|---|---|---|---|---|---|---|
| | 0 | 14 | 28 | 56 | 91 | 140 |
| 0.30 PC | 3.95 | 3.49 | 3.17 | 3.07 | 3.03 | 2.94 |

| 试样 | 溶蚀时间(d) | | | | | |
|---|---|---|---|---|---|---|
| | 0 | 14 | 28 | 56 | 91 | 140 |
| 0.30 FA30 | 3.98 | 3.74 | 3.64 | 3.56 | 3.49 | 3.33 |
| 0.40 PC | 3.16 | 2.72 | 2.51 | 2.36 | 2.25 | 2.14 |
| 0.40 FA30 | 3.13 | 2.87 | 2.80 | 2.72 | 2.56 | 2.43 |
| 0.50 PC | 2.84 | 2.40 | 2.37 | 2.24 | 2.03 | 1.88 |
| 0.50 FA10 | 2.71 | 2.36 | 2.32 | 2.23 | 2.06 | 1.94 |
| 0.50 FA30 | 2.51 | 2.30 | 2.17 | 2.10 | 1.96 | 1.90 |
| 0.50 FA40 | 2.32 | 2.12 | 2.09 | 2.02 | 1.98 | 1.90 |
| 0.50 FA55 | 2.19 | 1.99 | 1.97 | 1.88 | 1.87 | 1.79 |
| 0.60 PC | 2.27 | 1.95 | 1.87 | 1.64 | 1.64 | 1.51 |
| 0.60 FA30 | 1.74 | 1.60 | 1.56 | 1.50 | 1.45 | 1.35 |

表 6.6  对照组试样在不同溶蚀时间的弹性模量(GPa)

| 试样 | 养护时间(d) | | | | | |
|---|---|---|---|---|---|---|
| | 0 | 14 | 28 | 56 | 91 | 140 |
| 0.30 PC | 3.95 | 3.98 | 4.00 | 3.97 | 4.03 | 4.06 |
| 0.30 FA30 | 3.98 | 4.02 | 4.01 | 4.02 | 4.06 | 4.03 |
| 0.40 PC | 3.16 | 3.18 | 3.17 | 3.18 | 3.21 | 3.21 |
| 0.40 FA30 | 3.13 | 3.12 | 3.17 | 3.16 | 3.14 | 3.13 |
| 0.50 PC | 2.84 | 2.91 | 2.89 | 2.87 | 2.86 | 2.87 |
| 0.50 FA10 | 2.71 | 2.73 | 2.75 | 2.76 | 2.74 | 2.77 |
| 0.50 FA30 | 2.51 | 2.54 | 2.51 | 2.52 | 2.50 | 2.49 |
| 0.50 FA40 | 2.32 | 2.31 | 2.30 | 2.33 | 2.34 | 2.33 |
| 0.50 FA55 | 2.19 | 2.16 | 2.17 | 2.20 | 2.21 | 2.18 |
| 0.60 PC | 2.27 | 2.31 | 2.30 | 2.25 | 2.29 | 2.30 |
| 0.60 FA30 | 1.74 | 1.75 | 1.76 | 1.79 | 1.77 | 1.74 |

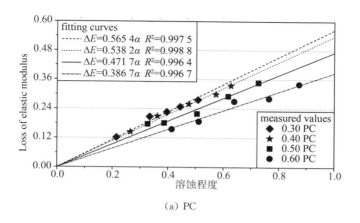

（a）PC

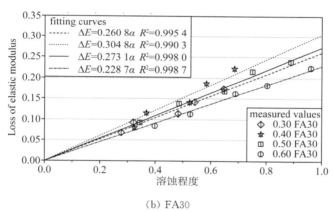

（b）FA30

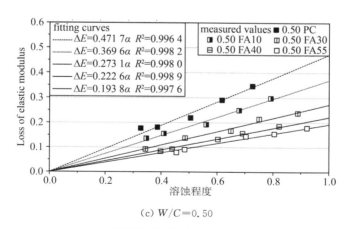

（c）W/C=0.50

**图 6.14　试样弹性模量损失率与溶蚀程度的关系**

# 6.5 抗弯强度损失率的预测模型

由图 6.5、图 6.8 和图 6.12 知:试样抗弯强度损失率与溶蚀程度之间的关系并不是明显的线性关系。本节内容旨在以 6.4 节中的试验数据为参数,推导抗弯强度损失率与溶蚀程度之间的关系。

## 6.5.1 基本假定

为了建立溶蚀水泥石梁的抗弯强度损失率与溶蚀程度之间的关系,需要做出如下两条基本假定:

(1)假定水泥石中固相水化产物的溶出在各个方向上是均匀的,即溶蚀区域和完好区域都是均匀分布的。因此,部分溶蚀水泥石梁的横截面由两个区域组成,如图 6.15(a)所示:位于横截面中心的完好区域,如图阴影部分所示,边长为 $(b-2d)$ mm;位于完好区域周围的溶蚀区域,如图空白部分所示,厚度为 $2d$ mm。

(2)假定水泥石梁的抗弯强度由完好区域和溶蚀区域共同承担。

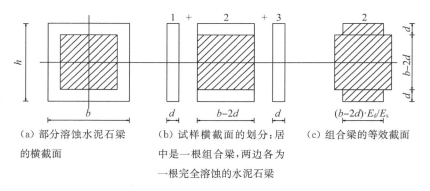

(a)部分溶蚀水泥石梁 的横截面

(b)试样横截面的划分:居中是一根组合梁,两边各为一根完全溶蚀的水泥石梁

(c)组合梁的等效截面

**图 6.15 溶蚀水泥石梁截面的等效转变**

根据以上假定,将如图 6.15(a)所示的部分溶蚀的水泥石梁等效为三根小梁,三根小梁的抗弯承载力之和为水泥石梁的抗弯承载力,其横截面如图 6.15(b)所示:一根居中的组合梁,两侧各一根完全溶蚀的水泥石梁。完全溶蚀的水泥石梁,仍残余有一定的抗弯强度。为了表达方便,将试样抗拉强

度残余率定义为:完全溶蚀水泥石梁的抗弯承载力与完好水泥石梁的抗弯承载力之比,记为 $m_t$。$m_t$ 对于模型的建立是非常关键的,会在稍后的 6.5.5 小节中给出详细的讨论。但是只要 $m_t$ 确定之后,图 6.15(b)中两侧两根完全溶蚀水泥石梁的抗弯承载力便很容易得出。因而现在面临的问题就是计算图 6.15(b)中组合梁的抗弯承载力,6.5.2 小节~6.5.4 小节主要阐述组合梁抗弯承载力的计算。

## 6.5.2　组合梁的基本方程

如图 6.16(a)所示的组合梁的截面虽然看起来为矩形,但是其抗弯承载力的计算并不能直接套用材料力学中的承载力计算公式,因为梁的上下两层是完全溶蚀的区域,有着和完好区域不同的弹性模量和抗弯强度。将完好区域①和溶蚀区域②的横截面面积分别记为 $A_s$ 和 $A_d$(溶蚀区域②包括梁横截面上部和下部的溶蚀区域),弹性模量分别记为 $E_s$ 和 $E_d$,并分别简称为截面①和截面②。在梁两端的纵向对称面内,作用一对方向相反、值为 $M$ 的力偶。根据材料力学理论,平面假设与单向受力假设依然成立。

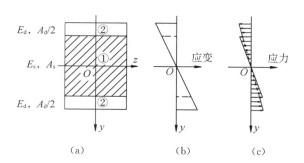

**图 6.16　等效组合梁的基本方程计算示意图**

首先研究组合梁的变形[176-184]。为此,在梁的横截面内,分别选取对称轴和中性轴为 $y$ 轴和 $z$ 轴,那么根据平面假设,横截面内 $y$ 处的纵向正应变 $\varepsilon$ 为:

$$\varepsilon = \frac{y}{\rho} \tag{6.5}$$

式中:$\rho$ 为中性层的曲率半径(mm)。由上式知,纵向正应变 $\varepsilon$ 沿梁高成线性变化,如图 6.16(b)所示。

假设各层材料处于单向受力状态,当梁的正应力不超过材料的比例极限时,截面①和截面②上的弯曲正应力分别为：

$$\begin{cases} \sigma_1 = \dfrac{E_s y}{\rho} \\[3mm] \sigma_2 = \dfrac{E_d y}{\rho} \end{cases} \tag{6.6}$$

式中：$\sigma_1$ 和 $\sigma_2$ 分别为截面①和截面②上的弯曲正应力。由上式知：弯曲正应力沿截面①和截面②成分区域的线性变化,如图 6.16(c)所示,而在截面①和截面②的交界处,应力存在突变。对于此种组合梁,虽然其纵向正应变沿截面高度呈连续的线性变化,但是由于材料的非均匀性,在不同材料的交界处,弯曲正应力必然会发生突变。

纯弯曲梁的横截面内不存在轴力,仅存在弯矩 $M$。因此根据静力学理论,有：

$$\int_{A_1} \sigma_1 dA_1 + \int_{A_2} \sigma_2 dA_2 = 0 \tag{6.7}$$

$$\int_{A_1} y\sigma_1 dA_1 + \int_{A_2} y\sigma_2 dA_2 = M \tag{6.8}$$

将式(6.6)代入式(6.7),有：

$$E_s \int_{A_1} y dA_1 + E_d \int_{A_2} y dA_2 = 0 \tag{6.9}$$

由上式得到中性轴的位置。将式(6.6)代入式(6.8),有：

$$\frac{E_s}{\rho} \int_{A_1} y^2 dA_1 + \frac{E_d}{\rho} \int_{A_2} y^2 dA_2 = M \tag{6.10}$$

由此得到中性层的曲率：

$$\frac{1}{\rho} = \frac{M}{E_s I_1 + E_d I_2} \tag{6.11}$$

式中：$I_1$ 和 $I_2$ 分别为截面①和截面②对中性轴 $z$ 的惯性矩。将上式代入式(6.6),得到截面①和截面②上的弯曲正应力：

$$\begin{cases} \sigma_1 = \dfrac{M E_s y}{E_s I_1 + E_d I_2} \\[4mm] \sigma_2 = \dfrac{M E_d y}{E_s I_1 + E_d I_2} \end{cases} \tag{6.12}$$

## 6.5.3　等效转换

等效转换是以式(6.9)~(6.12)为依据,将组合梁的截面转换为单一材料的等效截面,然后采用分析均质材料梁的方法进行求解。

将完全溶蚀试样弹性模量残余率记为 $n$,组合梁梁截面的惯性矩记为 $I_z$,则:

$$n = \frac{E_d}{E_s} \tag{6.13}$$

$$I_z = I_1 + nI_2 \tag{6.14}$$

那么,式(6.9)和式(6.11)分别简化为:

$$\int_{A_1} y \, \mathrm{d}A_1 + \int_{A_2} yn \, \mathrm{d}A_2 = 0 \tag{6.15}$$

$$\frac{1}{\rho} = \frac{M}{E_s I_z} \tag{6.16}$$

截面①和截面②的弯曲正应力分别为:

$$\begin{cases} \sigma_1 = \dfrac{My}{I_z} \\[2mm] \sigma_2 = n \cdot \dfrac{My}{I_z} \end{cases} \tag{6.17}$$

根据上述材料力学理论,保持组合梁完好区域不变,将组合梁上下两个溶蚀区域的宽度乘以 $n$,得到等效截面的溶蚀区域宽度为 $[(b-2d) \times E_d/E_s]$ mm,如图 6.15(c)所示。由图 6.15(c)中可以看出,组合梁的矩形截面被等效为一个十字形截面。显然,该截面对中性轴 $z$ 轴的惯性矩为 $I_z$,而其弯曲刚度为 $E_s I_z$。可见,图 6.15(c)所示的十字形等效截面的中性轴位置和弯曲刚度与组合梁的实际截面完全一致。值得注意的是,对于等效组合梁,虽然其完好区域和溶蚀区域的弹性模量得到了统一,但是这两个区域的抗拉强度仍然不同。将两个区域的抗拉强度分别记为 $\sigma_{ts}$ 和 $\sigma_{td}$。

## 6.5.4　组合梁的断裂过程

本小节内容是对等效组合梁的抗弯承载力进行分析。根据施加在梁上荷载的大小,将等效组合梁的断裂破坏过程划分为两个阶段。为了计算和表达的方便，将完全溶蚀试样抗拉强度残余率记为 $m_t$：

$$m_t = \frac{\sigma_{td}}{\sigma_{ts}} \qquad (6.18)$$

由式(6.1)或式(6.2)得：

$$F_f = \frac{4\sigma \cdot I_z}{yl} \qquad (6.19)$$

式中：$F_f$ 为加载在梁跨中的荷载(N)；$\sigma$ 为组合梁截面 $y$ 处的正应力(MPa)；$I_z$ 为组合梁梁截面的惯性矩($mm^4$)；$l$ 为跨度(mm)。

(1)破坏过程的第一阶段

在加载初期，荷载很小，等效组合梁中的完好区域和溶蚀区域共同承受荷载。此时，中性轴坐落在完好区域内，如图 6.17 所示。应力沿梁高方向的示意图也在图 6.17 中给出。此时截面形心距离梁顶面的位置 $y_{c1}$ 和截面的惯性矩 $I_{z1}$ 通过下列公式得到：

$$y_{c1} = \frac{h}{2} \qquad (6.20)$$

$$I_{z1} = 2\left[\frac{1}{12}(b-2d) \cdot n \cdot d^3 + (b-2d) \cdot n \cdot d \cdot \left(h - y_{c1} - \frac{d}{2}\right)^2\right]$$
$$+ \frac{1}{12}(b-2d) \cdot (h-2d)^3 \qquad (6.21)$$

式中：$y_{c1}$ 为第一阶段等效组合梁横截面形心至顶端的距离(mm)；$I_{z1}$ 为第一阶段等效组合梁横截面惯性矩($mm^4$)。

由示意图 6.17 看出，在完好区域和溶蚀区域交界处，应力发生突变。因此，梁的抗弯承载力可能受完好区域的抗拉强度支配，或者受溶蚀区域的抗拉强度支配。由式(6.19)可知，在破坏过程的第一阶段，梁的抗弯承载力 $F_{f1}$ 为：

$$F_{s1} = \frac{4\sigma_{ts} \cdot I_{z1}}{(b - y_{c1} - d) \cdot l}$$

$$F_{d1} = \frac{4\sigma_{td} \cdot I_{z1}}{(b - y_{c1}) \cdot l} \cdot \frac{1}{n} = \frac{4m_t \cdot \sigma_{ts} \cdot I_{z1}}{(b - y_{c1}) \cdot l} \cdot \frac{1}{n}$$

$$F_{f1} = \min\{F_{s1}, F_{d1}\} \equiv F_{d1} \qquad (6.22)$$

式中：$\sigma_{ts}$ 和 $\sigma_{td}$ 为等效组合梁中完好区域和溶蚀区域各自的抗拉强度（MPa）；$F_{s1}$ 和 $F_{d1}$ 为等效组合梁在第一阶段，分别受 $\sigma_{ts}$ 和 $\sigma_{td}$ 支配而计算得出的抗弯承载力（N）。由稍后的 6.5.5 小节中可知，部分溶蚀的水泥石梁，其溶蚀区域弹性模量残余率 $n$ 要大于抗拉强度残余率 $m_t$，因此通过比较式（6.22）和（6.22）可以发现：在第一阶段，不论溶蚀深度 $d$ 如何变化，$F_{d1}$ 始终小于 $F_{s1}$，即梁的承载力 $F_{f1}$ 恒等于 $F_{d1}$，这说明在第一阶段梁的抗弯承载力始终受 $\sigma_{td}$ 支配。

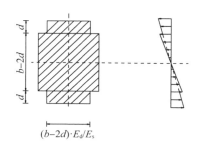

**图 6.17　破坏过程第一阶段等效组合梁的截面及应力图**

当加在梁上的荷载达到第一阶段梁的抗弯承载力 $F_{f1}$ 时，梁底部溶蚀区域最先产生裂缝。假定裂缝沿着梁高方向缓慢向上扩展，溶蚀区域的拉应力随之逐渐降低。与此同时，梁中完好区域的拉应力将会逐渐增加。当裂缝到达溶蚀区域和完好区域的交界处时，由于完好区域拉应力的增量远小于其所能承受的抗拉强度 $\sigma_{ts}$，裂缝便会停止扩展。至此，进入破坏过程的第二阶段。

（2）破坏过程的第二阶段

在破坏过程的第二阶段，等效组合梁的横截面由第一阶段的十字形转变为倒 T 形，如图 6.18 所示。虽然此时等效组合梁底部的溶蚀区域已经开裂，对梁的抗弯承载力没有贡献，但是由于梁的上部的溶蚀区域和中部的完好区域仍然在工作，因此梁依旧能够继续承受不断增加的荷载。

在溶蚀过程中，梁的溶蚀深度不断增加，相应地，第二阶段组合梁横截面中性轴的位置也会发生改变。溶蚀初期，溶蚀深度较小，组合梁中完好区域的面积大于溶蚀区域的面积，即倒 T 形梁的腹板较小而翼缘较大，因此中性轴坐落于完好区域，如图 6.18（a）所示。随着溶蚀过程的不断深入，溶蚀深度变大,完好区域的面积逐渐变小,倒 T 形梁的翼缘也逐渐变小,中性轴的位置便会不断上移。当溶蚀深度大于某一临界值 $d_{\text{tran}}$ 时,中性轴便会移到梁顶部的溶蚀区域,如图 6.18(b)所示。第二阶段中性轴距梁顶面的位置 $y_{c2}$ 以及截面的惯性矩 $I_{z2}$ 通过下列公式得到:

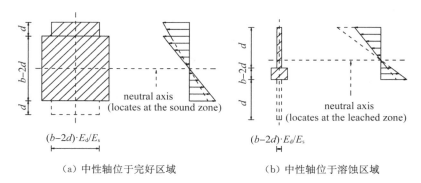

（a）中性轴位于完好区域　　　　　（b）中性轴位于溶蚀区域

**图 6.18　破坏过程第二阶段等效组合梁的截面及应力图**

$$y_{c2} = \frac{(b-2d) \cdot n \cdot d \cdot \dfrac{d}{2} + (b-2d) \cdot (h-2d) \cdot \dfrac{h}{2}}{(b-2d) \cdot n \cdot d + (b-2d) \cdot (h-2d)} \tag{6.23}$$

$$I_{z2} = \frac{1}{12}(b-2d) \cdot n \cdot d^3 + (b-2d) \cdot n \cdot d \cdot \left(y_{c2} - \frac{d}{2}\right)^2 +$$

$$\frac{1}{12}(b-2d) \cdot (h-2d)^3 + (b-2d) \cdot (h-2d) \cdot \left(\frac{h}{2} - y_{c2}\right)^2 \tag{6.24}$$

式中:$y_{c2}$ 为第二阶段等效组合梁横截面形心至顶端的距离(mm);$I_{z2}$ 为第二阶段等效组合梁横截面惯性矩($\text{mm}^4$)。

当中性轴位于完好区域时,由于水泥石的抗压强度远大于抗拉强度,因此梁的抗弯承载力受完好区域的抗拉强度支配;当中性轴逐渐上移至溶蚀区域时,梁的抗弯承载力转由溶蚀区域的抗拉强度支配。因此根据式(6.19),在破坏过程的第二阶段,等效组合梁的抗弯承载力 $F_{f2}$ 为:

$$F_{s2} = \frac{4\sigma_{\text{ts}} \cdot I_{z2}}{(b - y_{c2} - d) \cdot l} \tag{6.25a}$$

$$F_{d2} = \frac{4\sigma_{\text{td}} \cdot I_{z2}}{(d - y_{c2}) \cdot l} \cdot \frac{1}{n} = \frac{4\sigma_{\text{ts}} \cdot m_t \cdot I_{z2}}{(d - y_{c2}) \cdot l} \cdot \frac{1}{n} \tag{6.25b}$$

$$F_{f2} = \min\{F_{s2}, F_{d2}\} = \begin{cases} F_{s2}, \text{当} 0 < d < d_{tran} \\ F_{d2}, \text{当} d_{tran} < d \end{cases} \qquad (6.25c)$$

式中:$F_{s2}$ 和 $F_{d2}$ 为等效组合梁在第二阶段,分别受 $\sigma_{ts}$ 和 $\sigma_{td}$ 支配而计算得出的抗弯承载力(N);$d_{tran}$ 为转换溶蚀深度,在溶蚀深度达到 $d_{tran}$ 时,中性轴的位置转移到溶蚀区域,同时梁的抗弯承载力也转由溶蚀区域的抗拉强度支配。$d_{tran}$ 主要受到溶蚀区域抗拉强度残余率 $m_t$ 和弹性模量残余率 $n$ 这两个参数的影响。$d_{tran}$ 由下式得到,其值列于表 6.7。

$$\frac{\sigma_{ts}}{\sigma_{td}} \cdot \frac{E_d}{E_s} \cdot (d_{tran} - y_{c2}) = b - d - y_{c2} \qquad (6.26)$$

**表 6.7　转换溶蚀深度 $d_{tran}$(mm)**

| 试样 | W/C | | | |
|---|---|---|---|---|
| | 0.30 | 0.40 | 0.50 | 0.60 |
| PC | 17.65 | 17.80 | 18.22 | 17.81 |
| FA10 | — | — | 18.19 | — |
| FA30 | 17.60 | 18.28 | 18.20 | 18.29 |
| FA40 | — | — | 18.53 | — |
| FA55 | — | — | 18.52 | — |

## 6.5.5　抗拉强度残余率对预测模型的影响

6.5.4 小节对图 6.15 中所示组合梁的断裂破坏过程进行了详细的分析,得到了组合梁抗弯承载力的计算公式(6.25)。而在图 6.15 中组合梁的两侧,各有一根完全溶蚀的梁,这两根完全溶蚀梁总的抗弯承载力由下式得到:

$$F_{fd} = \frac{2d}{b} \cdot m_t \cdot F_{fs} \qquad (6.27)$$

式中:$F_{fd}$ 为两根完全溶蚀梁总的抗弯承载力之和(N);$F_{fs}$ 为完好试样在三点弯曲试验下的极限破坏荷载(ultimate load of sound beam)(N),由三点弯曲试验得出。

因此,根据 6.5.1 小节中的第二条假定,溶蚀组试样的部分溶蚀梁(partially deteriorated beam）的抗弯承载力 $F_{fp}$ 由下式得到：

$$F_{fp} = F_{fd} + F_{f2} \tag{6.28}$$

将式（6.25）和式（6.27）代入上式，即可计算部分溶蚀梁的抗弯承载力。注意到在式（6.25）和式（6.27）中：梁高 $h$、梁宽 $b$、梁的跨度 $l$、截面形心的位置以及惯性矩等参数都已知，$F_{fs}$、$\sigma_{ts}$ 和 $n$ 亦分别可从 6.2 节和 6.4 节中的试验得到，而只有抗拉强度残余率 $m_t$ 这个参数未知。因此，为了构建抗弯强度损失率预测模型，需要通过三点弯曲试验得到的数据来确定 $m_t$ 的取值。

图 6.19 给出了不同水胶比水泥石梁的抗弯强度损失率 $\Delta\sigma_f$ 与溶蚀程度 $\alpha$ 的关系。从图 6.19 中可以看出，不同 $m_t$ 的值，对应着不同的抗弯强度损失率曲线，这说明 $m_t$ 不仅反映了溶蚀过程中抗弯强度损失率的变化规律，而且决定了试样在完全溶蚀时的抗弯强度残余率。$m_t$ 的取值对抗弯强度损失率的影响存在一定的规律性：对于某水胶比的水泥石梁，$m_t$ 越大，梁的抗弯强度损失率就越小。

通过最小二乘法确定出各组试样与试验数据点最为匹配的抗弯强度损失率-溶蚀程度曲线及对应的 $m_t$ 值，如图 6.20 所示。

由图 6.20 可以看出：溶蚀试样抗压强度损失率与溶蚀程度并非呈现出如抗弯强度损失率与溶蚀程度之间的线性关系，而是非线性关系。在溶蚀程度较小时，抗弯强度损失率的增长较快，曲线较为陡峭；而在溶蚀程度逐渐增大时，抗弯强度损失率的增长逐渐变慢，曲线也逐渐变得平缓。

由图 6.20（a）和图 6.20（b）可以看出，PC 试样和 FA30 试样的 $m_t$ 值都随水胶比的增大而增大，但是 PC 试样的增长率要大于 FA30 试样的增长率，这说明水胶比这一因素对完全溶蚀纯水泥石的抗拉强度残余率的影响较大，而对单掺粉煤灰水泥石的抗拉强度残余率的影响较小。例如：0.30 PC 试样的 $m_t$ 值为 0.214 4，0.60 PC 的 $m_t$ 值为 0.346 9，增长率约为 62%；而 0.30 FA30 试样的 $m_t$ 值为 0.404 0，0.60 FA30 的 $m_t$ 值为 0.518 5，增长率仅约为 28%。

由图 6.20（c）可以看出，对于 $W/C = 0.50$ 试样，$m_t$ 值随着粉煤灰掺量的增加而增大，即试样的抗拉强度残余率逐渐增大。说明当粉煤灰掺量为 0%～55% 时，粉煤灰的掺量越大，试样抗拉性能的改善作用就越好。另外，粉煤灰掺量对抗拉强度损失率的影响规律与其对抗压强度损失率的影响规律十分类似：当粉煤灰掺量在 0%～30% 内变化时，改变掺量对试样抗拉强度损失率的影响比较明显；而当粉煤灰掺量逐渐增大时，改变掺量对试样抗拉强度损失率的影响则逐渐变弱。例如，当粉煤灰的掺量为 10% 时，完全溶蚀试样的抗拉强度损失率约为 PC 试样的 90%；当粉煤灰掺量增加至 40% 时，抗拉强度损失率约为 PC 试样的 66%；而当粉煤灰掺量增加至 50% 时，抗拉强度损失率仅约为 PC 试样的 63%。也就是说，试样的抗拉强度损失率并不随粉煤灰掺量的增加成线性增加。但是，粉煤灰对溶蚀试样抗拉强度残余率的改善作用还是十分明显的。例如 0.50 FA40 试样和 0.50 FA55 试样在完全溶蚀后，抗拉强度损失率都大约只有 0.50 PC 试样抗拉强度损失率的 2/3。

值得注意的是，由 6.4.2 小节中图 6.13 容易得出：0.50 FA40 试样和 0.50 FA55 试样在完全溶蚀后，抗压强度损失率都大约仅为 0.50 PC 试样抗压强度损失率的 1/2；而这两组试样在完全溶蚀后，抗拉强度损失率都约为 0.50 PC 试样抗拉强度损失率的 2/3。这说明溶出性侵蚀对单掺粉煤灰试样抗拉强度这一指标的改善作用较其对抗压强度的改善作用小。

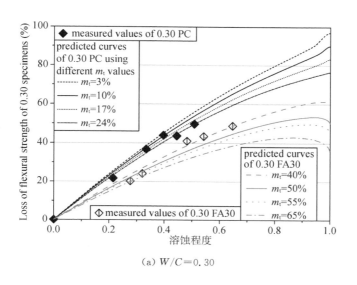

(a) $W/C=0.30$

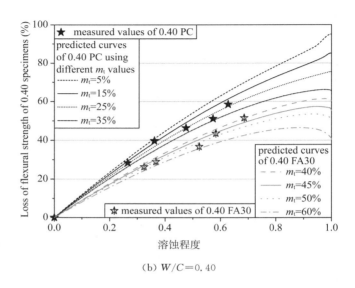

(b) $W/C = 0.40$

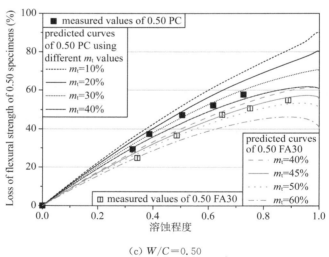

(c) $W/C = 0.50$

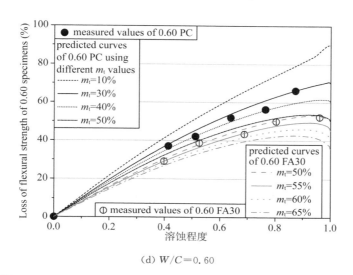

（d）$W/C$＝0.60

**图 6.19　不同水胶比水泥石梁的抗弯强度损失率与溶蚀程度的关系**

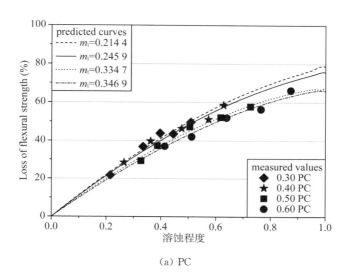

（a）PC

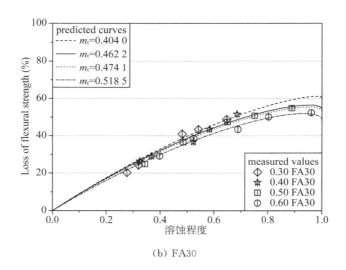

（b）FA30

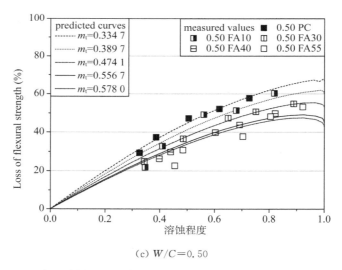

（c）W/C＝0.50

**图 6.20　各组试样最佳抗弯强度损失率-溶蚀程度曲线及相应的 $m_t$ 值**

由抗弯强度损失率-溶蚀程度曲线,可以得到完全溶蚀试样抗弯强度残余率 $m_f$ 值,如表 6.8 所示。

表 6.8　抗弯强度残余率 $m_f$

| 试样 | W/C | | | |
|---|---|---|---|---|
| | 0.30 | 0.40 | 0.50 | 0.60 |
| PC | 0.214 4 | 0.245 9 | 0.334 7 | 0.346 9 |
| FA10 | — | — | 0.389 7 | |
| FA30 | 0.404 0 | 0.462 2 | 0.474 1 | 0.518 5 |
| FA40 | — | — | 0.556 7 | |
| FA55 | — | — | 0.578 0 | |

由上表知, $m_f$ 值在数值上与 $m_t$ 值相同,这反映出溶蚀试样的抗弯强度本质上是由抗拉强度控制的这一规律。因此,对 $m_f$ 值的分析同 $m_t$ 值,不再详述。

## 6.5.6　抗弯强度残余率的反演方法

完全溶蚀的水泥石试样,仍有一定的抗弯强度残余,抗弯强度残余率与水胶比和粉煤灰掺量密切相关。根据试验数据及抗弯强度损失率预测模型,绘制不同水胶比和不同粉煤灰掺量水泥石完全溶蚀时的抗弯强度残余率 $r_f$ 柱状图,如图 6.21 所示。用一个平面函数方程对抗弯强度残余率进行拟合,结果表明,抗弯强度残余率 $r_f$ 与水胶比和粉煤灰掺量之间存在如下关系:

$$r_f = 0.103\ 4 + 0.424\ 2 \times \left(\frac{W}{C}\right) + 0.543\ 5 \times (\text{FA content}) \qquad (6.29)$$

式中: $r_f$ 为完全溶蚀试样的抗弯强度残余率; $W/C$ 为水胶比;FA content 为粉煤灰掺量。

由上述关系,可以推定不同水胶比的水泥石试样在完全溶蚀时的抗弯强度残余率。

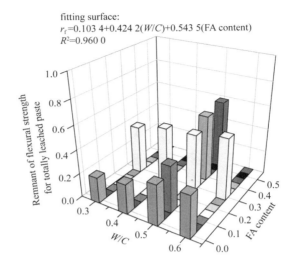

fitting surface:
$r_f = 0.103\ 4 + 0.424\ 2(W/C) + 0.543\ 5(\text{FA content})$
$R^2 = 0.960\ 0$

图 6.21　不同水胶比和粉煤灰掺量水泥石完全溶蚀时的抗弯强度残余率

# 6.6　抗弯强度损失率与抗压强度损失率的比较

　　为了更加系统地比较溶蚀过程对试样抗拉强度残余率和抗压强度残余率的影响,将 $m_t/m_c$ 值列于表 6.9。由表中数值知:对于不掺粉煤灰的 PC 试样,有 $m_t/m_c > 1$。说明溶蚀对 PC 试样的抗拉强度造成的损失率要小于对抗压强度造成的损失率;对于单掺粉煤灰的试样,不论掺量和水胶比如何变化,都有 $m_t/m_c \approx 1$。又由第五章知:单掺粉煤灰能够提高完全溶蚀试样的抗压强度残余率,因此,粉煤灰的掺加对完全溶蚀试样抗拉强度残余率的提高作用不明显,至少不如其对试样抗压强度残余率的提高作用明显。

表 6.9　抗拉强度残余率与抗压强度残余率之比值 $m_t/m_c$

| 试样 | W/C | | | |
|---|---|---|---|---|
| | 0.30 | 0.40 | 0.50 | 0.60 |
| PC | 1.94 | 1.60 | 1.38 | 1.06 |
| FA10 | — | — | 1.05 | — |
| FA30 | 0.97 | 1.04 | 0.99 | 1.05 |

续表

| 试样 | W/C | | | |
|---|---|---|---|---|
| | 0.30 | 0.40 | 0.50 | 0.60 |
| FA40 | — | — | 1.10 | — |
| FA55 | — | — | 0.96 | — |

将不同水胶比试样在溶蚀过程中强度损失率(抗弯强度和抗压强度在一个坐标系内)作为纵坐标,溶蚀程度作为横坐标,得到图 6.22。从图 6.22 中可以看出,当溶蚀程度为 1 即试样完全溶蚀时,PC 试样的抗弯强度损失率要小于抗压强度损失率。另外,以图 6.22(a)为例,两条抗弯强度损失率曲线之间的带比较狭长,而两条抗压强度损失率曲线之间的带较前者稍宽。这说明与 0.30PC 试样相比,0.30FA30 试样的抗弯强度损失率和抗压强度损失率都减少了,因此抗溶蚀能力得到了增强。但是抗压强度损失率的减少效果较抗弯强度损失率的减少效果更加明显。对于其他水胶比的试样,也得到相同的结论。这些结论与从表 6.9 中得出的结论一致,但更加直观。

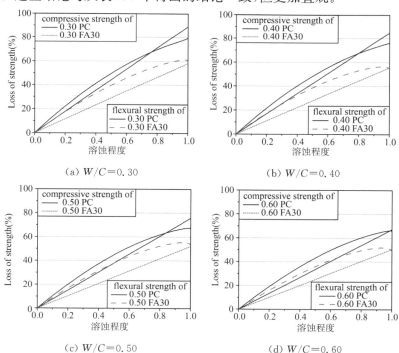

(a) W/C＝0.30　　　　　　　　(b) W/C＝0.40

(c) W/C＝0.50　　　　　　　　(d) W/C＝0.60

**图 6.22　不同水胶比试样的抗弯强度损失率和抗压强度损失率与溶蚀程度的关系**

# 6.7 本章小结

本章对不同水胶比和不同粉煤灰掺量水泥石试样进行了三点弯曲试验，获得了试样在不同龄期时的抗弯强度，探明了抗弯强度随水胶比和粉煤灰掺量改变的变化规律，建立了溶蚀水泥石试样抗弯强度损失率的预测模型，提出了抗弯强度残余率的反演方法。得到的主要结论如下：

（1）对于不同配合比的水泥石梁，溶蚀试样的抗弯强度都随溶蚀时间的增加而减小；对照试样在养护 91 d 之后的抗弯强度变化不大。

（2）对于水胶比为 0.30～0.60 范围内的水泥石梁，当溶蚀程度一定时，溶蚀试样的抗弯强度损失率随水胶比的增大而减小；当水胶比一定时，掺加 30％粉煤灰试样的抗弯强度损失率较不掺粉煤灰试样的小，抗溶蚀能力较强。

（3）对于粉煤灰掺量为 10％～55％范围内的水泥石梁，当溶蚀程度一定时，溶蚀试样的抗弯强度损失率随着粉煤灰掺量的增加而减小。另外，粉煤灰掺量较小时，增大掺量对抗弯强度损失率的改善作用更加明显；而当粉煤灰掺量逐渐增大时，增大掺量对试样的抗弯强度损失率的改善作用逐渐变弱。

（4）与抗压强度损失率和溶蚀程度之间的线性关系不同，溶蚀试样抗弯强度损失率与溶蚀程度成非线性关系。在溶蚀程度较小时，抗弯强度损失率的增长较快，曲线较为陡峭；而在溶蚀程度逐渐增大时，抗弯强度损失率的增长逐渐变慢，曲线也逐渐变得平缓。粉煤灰掺量相同时，水胶比越小，完全溶蚀试样的抗弯强度损失率越小；水胶比相同时，粉煤灰掺量越小，完全溶蚀试样的抗压强度损失率越大。

（5）粉煤灰的掺加对完全溶蚀试样抗拉强度残余率的提高作用不如其对试样抗压强度残余率的提高作用明显。

# 第7章 维氏显微硬度研究

## 7.1 引言

硬度是描述材料抵抗变形的能力。从作用形式上看,硬度是材料抵抗变形能力的度量;从变形机理上看,硬度是材料抵抗弹性变形、塑性变形和破坏的能力,或是材料抵抗残余变形和破坏的能力[185]。可以综合地反映材料的密度、弹性、塑性、硬化、强度和韧性等的影响,从这个意义上讲,硬度是材料的一种综合特征,而不仅仅是一种材料抵抗变形能力的描述。从材料微观组织的角度看,硬度取决于其化学组成和物质结构。例如:离子半径越小,离子电价越高,配位数越小,则结合能越大,抵抗外力刻划和压入的能力就越强,所以硬度就越大[186]。材料的显微结构、裂纹、杂质都对硬度有影响,温度等环境条件也会影响材料的硬度。材料的硬度越高,耐磨性就越好,因此硬度是衡量材料耐磨性最重要的指标。另外,由于硬度为一种综合性能,因此它也常被用于近似地推算材料的其他力学性能。

材料的硬度是通过硬度试验来测定的。根据加载速度和测量方法的不同,可以归纳为以下几类不同的硬度标准:静态压痕硬度(static indentation hardness)、动态或回弹压痕硬度(dynamic hardness or rebound hardness)和划痕硬度(scratch hardness)[185,187-188]。静态压痕硬度是通过压头将荷载施加在待测试样表面,使之产生压痕,通过施加荷载与压痕面积或压痕深度之间的关系得出的硬度值。根据荷载、压头和表示方法的不同,静态压痕硬度可分为布氏硬度(Brinell hardness,符号 HB)、洛氏硬度(Rockwell hardness,符号 HR)和维氏硬度(Vickers hardness,符号 HV)等。动态压痕硬度是将一个具有标准质量的金属块从某一高度下落至待测试样的表面,以其弹起的高度得出的硬度值。动态压痕硬度分为里氏硬度(Leeb hardness,符号 HL)和肖氏硬度(Shore hardness,符号 HS)等。划痕硬度则是在硬质压头上施加法向荷载,通过压头沿试样表面刻划所产生的划痕得出硬度值,硬度值表示金属抵抗表面局部破裂的能力。上述三种硬度,根据其施加荷载的大小又可以分为宏观硬度、显微硬度和纳米硬度。各级硬度对应荷载数值的上下限依各国或各研究机构的规定有所差异。

各种硬度的测定方法不同,适用范围不同,因此它们之间并不能直接进行比较,更没有相互转换的公式。但是,硬度的测定方法简单,容易操作,造成的表面损伤小,对试样的制备也没有特殊的要求,而且硬度与其他力学性能,如弹性模量、抗拉强度之间存在着一定的经验关系[189-191],因而硬度在科学研究和现代工业中得到了广泛的应用,硬度试验作为材料力学性能试验中最常用的方法,对材料和工艺的研究起着重要的作用。本章对不同配合比的溶蚀试样进行维氏硬度试验,获得维氏硬度沿试样断面由外至内的变化规律,建立维氏硬度的预测模型。

# 7.2  材料硬度的分类

## 7.2.1  静态压痕硬度

(1) 布氏硬度(HB)

测定布氏硬度时,使用一定压力 $P$(kgf)将直径为 $D$(mm)的淬火钢球或硬质合金球压入试样表面,如图 7.1 所示。保持规定时间后卸除压力,测量在试样表面留下压痕的深度 $h$ 或者直径 $d$,可以得到压痕面积 $A$,以单位压痕表面积 $A$ 上所承受的平均压力 $P/A$ 作为布氏硬度的值,布氏硬度一般用符号 HB 表示[185-186,192-193]:

$$\text{HB} = \frac{P}{A} = \frac{P}{\pi Dh} = \frac{2P}{\pi D(D - \sqrt{D^2 - d^2})} \tag{7.1}$$

式中:$P$ 为试验力(kgf),千克力(kgf)是力的单位,1 kgf ≈ 9.8 N。通过上式计算的布氏硬度值,其单位为 kgf/mm$^2$,但是习惯上只写明硬度值而不标出单位。

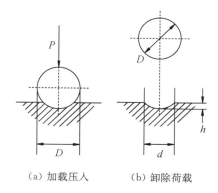

（a）加载压入　　　　（b）卸除荷载

**图 7.1　布氏硬度试验原理**

由布氏硬度值的计算公式可以看出,当所加试验力 $P$ 与球的直径 $D$ 一定时,布氏硬度值 HB 只与压痕直径 $d$ 有关。$d$ 越大,HB 值越小,材料抵抗变形的能力越弱;反之,$d$ 越小,HB 值越大,材料抵抗变形的能力越强。布氏硬度的标准测定的试验条件是:$D = 10$ mm,$F = 29\ 400$ N,持荷时间 $t = 10 \sim 15$ s,试验条件不同时,一般需加以标注,标注方法如下:

$$x\,\text{HB}\,D/P/t$$

这里,$x$ 为硬度读数;$D$ 为压头直径(mm);$P$ 为试验力(9.8 N);$t$ 为持荷时间(s)。为了进一步区分当压头材料不同时测得的布氏硬度数值,用符号 HBS 表示用淬火钢球作压头时测得的布氏硬度,HBW 表示用硬质合金球作压头时测得的布氏硬度。

布氏硬度的优点是代表性全面,其压痕面积较大,能反映材料较大体积范围内各组成相的平均性能,而不受到个别相和微区不均匀性的影响。因此布氏硬度特别适宜测定灰铸铁、轴承合金等具有粗大晶粒或粗大组成相的材料。试验数据离散性小,重复性好。布氏硬度的缺点是压痕较大,成品检测有困难,也不能用于测定薄壁件或者表面硬化层。若待测材料的硬度值较高,在进行布氏硬度的测定时,由于钢球本身的变形,会使测量结果不准确。因此当使用淬火钢球作压头时待测材料的 HB 值须小于 450,使用硬质合金球压头时材料的 HB 值可达 650。

（2）洛氏硬度（HR）

洛氏硬度是以顶角为 120° 的金刚石锥体或者直径为 1.588 mm 的淬火钢球作压头,以规定的试验力使其压入试样表面,如图 7.2 所示。试验时,先施加初试验力,然后施加主试验力。压入试样表面之后卸除主试验力,在保留初试验力的情况下,根据试样表面压痕的深度 $h$(mm),按下式计算被测材料的洛氏硬度值[185-186,192-193]。

$$HR = \frac{c - h}{0.002} \qquad (7.2)$$

式中:HR 是一个量纲为 1 的量,试验时一般由仪器直接读出;$c$ 为一个与试验种类有关的人为引入常数。按压头不同和施加相应荷载的搭配,洛氏硬度可分为 A、B、C 三级,其硬度值分别记为 HRA、HRB 和 HRC。其中,HRA 指以 120°金刚石圆锥体和主试验力 600 kgf 的压入测得的硬度值,适用于 HRA =70～88 的硬度范围;HRB 指以直径为 1.588 mm 的淬火钢球和主试验力 1 000 kgf 的压入测得的硬度值,适用于 HRB=20～100 的硬度范围;HRC 指以 120°金刚石圆锥体和主试验力 1 500 kgf 的压入测得的硬度值,适用于 HRC=20～70 的硬度范围。从以上测量方法可知,洛氏硬度是直接测量压痕深度,并以压痕深度的大小来表示材料的硬度,压痕的深度越深,材料越软。为了与硬度值越大、材料越硬的习惯保持一致,式(7.2)中人为地引入常数 $c$:对于 HRC 和 HRA,$c = 0.2$ mm;对于 HRB,$c = 0.26$ mm。而式中分母里的 0.002,则意味着人为规定了压痕深度每 0.002 mm 为一个洛氏硬度单位。

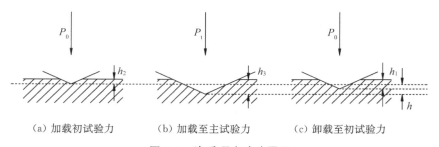

(a) 加载初试验力　　　　(b) 加载至主试验力　　　　(c) 卸载至初试验力

**图 7.2　洛氏硬度试验原理**

洛氏硬度的优点是:① 有软硬两种压头,而且可以根据材料硬度的大小选用不同的主荷载,可适用各种不同硬质材料的检测;② 洛氏硬度施加的荷载较小,产生的压痕也较小,材料表面损伤轻微;③ 操作简便,硬度值可以从硬度机的表盘上直接读出,适用于大量产品的检测。洛氏硬度的缺点是:① 用不同硬度机测得的硬度值无法统一进行比较;② 对材料组织结构不均匀性比较敏感,尤其是具有粗大组成相或粗大晶粒的金属材料,因压痕太小,有可能正好压在个别组分的相界上,因而测定结果比较分散,缺乏代表性,通常需要在试样的不同部位测定 4 次以上,取其平均值作为该材料的洛氏硬度值。

（3）维氏硬度（HV）

维氏硬度的试验原理与布氏硬度相似（见图 7.3）,也是根据压痕单位表面积上的试验力值计算硬度值,区别在于维氏硬度试验中采用锥面夹角为 136°金刚石正四棱锥压头,将其以选定的试验力 $P$ 压入试样表面,按规定保持一定时间后卸除试验力,压头的棱线将会在材料表面形成明显的压痕。由于维氏硬度测试采用了正四棱锥压头,在各种荷载作用下所得到的压痕几何相似,均为正方形。测量压痕对角线长度的平均值 $l$（mm）,可以得到压痕的面积 $A$：

$$A = \frac{l^2}{2\sin(136°/2)} \tag{7.3}$$

维氏硬度值用四棱锥压痕单位面积上所承受的平均压力表示,记为 HV,由下式得到[185-186,192-193]：

$$HV = \frac{P}{A} = \frac{2P\sin(136°/2)}{l^2} = \frac{1.854P}{l^2}, \ l = \frac{l_1 + l_2}{2} \tag{7.4}$$

式中：$P$ 为试验力（kgf）;$A$ 为压痕的面积（mm$^2$）;$l_1$ 和 $l_2$ 分别为压痕对角线的长度（mm）。HV 的单位为 kgf/mm$^2$,但习惯上也只写明硬度值而不标出单位。维氏硬度试验所用试验力视试样大小、厚薄及其他条件的不同,可在 5～100 kgf 的范围内选择。常用的试验力有 5 kgf、10 kgf、20 kgf、30 kgf、50 kgf 和 100 kgf 几种。为区别试验条件,可采用如下方法标注：

$$x\,HV\,P/t$$

其中,$x$ 为维氏硬度值,$P$ 为试验力（kgf）,$t$ 为持荷时间（单位为 s,10～15 s 时不标注）。

与布氏硬度和洛氏硬度比较起来,维氏硬度试验具有很多优点：① 它不存在布氏硬度中关于荷载和压头直径规定条件的约束以及压头变形的问题,也不存在洛氏硬度中硬度值无法统一的问题;② 和洛氏硬度一样,可以试验任何软硬材料,并且能比洛氏硬度更好地测定薄件或膜层的硬度;③ 由于维氏硬度的压痕为轮廓清晰的正方形,且压痕的宽度一般要大于压痕深度,故

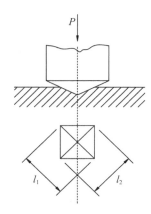

**图 7.3　维氏硬度试验原理与测量方法**

维氏硬度测量结果的相对误差要小于以压痕深度为计量指标的洛氏硬度测试结果。总的来说,维氏硬度具有布氏硬度和洛氏硬度两种测定方法的优点,唯一的缺点是要通过测量对角线才能计算硬度值,因而效率略低于洛氏硬度。

以上几种硬度标尺都是针对材料的宏观特性,但因测量方法不同,相互之间并没有严密的理论换算关系。实际上,硬度只是在规定了一种测量方法和条件后获得的相对指标,是依存于测量方法和条件的。可以根据具体情况,来自行规定相应的测量方法和条件。在一些材料手册里,通常根据各类硬度测量的试验数据,人为地给出一些材料的各种硬度之间的换算关系或图表,但这只是经验性的,并且依存于一定的条件之下。当材质发生变化或者热处理工艺不同的时候,是不能直接使用这种换算关系的。

### 7.2.2　动态压痕硬度

（1）肖氏硬度(HS)

肖氏硬度又称为回跳硬度,由英国人肖尔(Albert F. Shore)首先提出。当一定质量的冲头从一定高度自由下落到试样的表面时,冲头的动能一部分消耗于试样表面的塑性变形,另一部分则以弹性形变的方式瞬间储存在试样内部。后一部分能量重新释放后,冲头便会回弹起跳。肖氏硬度由冲头下落的高度 $h_0$ 与回跳高度 $h$ 的比值得到[185-186,192-193]：

$$HS = K \cdot \frac{h}{h_0} \tag{7.5}$$

式中：HS 为肖氏硬度,量纲为 1；$K$ 为肖氏硬度系数。在实际测量中,肖氏硬度值一般可直接从硬度计得到,不需用公式计算[194]。

在对材料进行肖氏硬度测试时,试样表面的粗糙度不得大于 0.8 $\mu m$,待测表面应为平面,试样的厚度不应小于 2 mm,否则会因试样整体的弹性或塑性变形等因素影响测量的准确性。对于较薄的试样,可以用沥青或者焊锡等将其固定在质量为 400 g 以上的钢块上进行试验。

肖氏硬度计结构简单,便于携带和操作,测试效率高。特别适用于冶金、重型机械行业中的中大型工件,例如大型构件、铸件、锻件,以及曲轴、轧辊、特大型齿轮、机床导轨等工件。肖氏硬度与布氏硬度、洛氏硬度、维氏硬度等相比,准确度稍差,受测试时的垂直性、试样表面光洁度等因素的影响,数据分散性较大,其测试结果的比较只限于弹性模量相同的材料。它对试样的厚度和质量都有一定要求,不适于较薄和较小试样。

(2) 锤击式布氏硬度(HBO)

锤击式布氏硬度是依靠锤击的方式,将钢球同时压入待测试样和标准硬度杆的表面,由两者压痕直径的比例关系得到,用 HBO 来表示。假定在相同的荷载 $P$ 下,钢球在试样和标准杆的表面留下的压痕面积分别为 $S_O$ 和 $S_B$,根据 7.2.1 小节中布氏硬度的原理,试样的硬度为 $HBO=P/S_O$,标准杆的硬度为 $HBB=P/S_B$,则有[185-186,192-193]:

$$HBO = HBB \cdot \frac{S_B}{S_O} = HBB \cdot \frac{D(D-\sqrt{D^2-d_B^2})}{D(D-\sqrt{D^2-d_O^2})} \tag{7.6}$$

近似地,有:

$$HBO = HBB \cdot \frac{d_B^2}{d_O^2} \tag{7.7}$$

式中:$D$ 为压头的直径(mm);$d_O$ 为试样上压痕的直径(mm);$d_B$ 为标准杆上压痕的直径(mm)。因为标准杆的硬度已知,试验时只需测量 $d_O$ 和 $d_B$ 即可得到待测材料的锤击式布氏硬度值。

锤击式布氏硬度试验有以下优点:① 锤击式布氏硬度计价格较低,操作简单,携带方便,试验速度快,对试样表面要求低;② 锤击式布氏硬度计所用试验方法属于精度较低的冲击式硬度试验方法,但在各种硬度试验方法中却属于精度较高的布氏硬度试验,与肖氏硬度的试验方法相比,对试验结果的影响因素比较少,试验结果比较稳定,测试值比较可靠;③ 锤击式布氏硬度计适用于测试各种大型的、组装的、不可切割或不便移动的工件。锤击式布氏硬度试验有以下缺点:① 试样与标准杆的弹性不可能完全相同,因此试验误差较大;② 锤击式布氏硬度试验属于冲击式硬度试验方法,钢球的压入瞬间完成,不能像标准布氏硬度试验那样,让试验力保持若干秒的时间,让压痕处的金属实现充分的塑性变形,因此,锤击式布氏硬度计的测试精度要比台式布氏硬度计低;③ 因其压头为淬火钢球,故不适合测试淬火后的高硬度制件。

### 7.2.3 划痕硬度

刻划法可以测量硬度,硬度值表示金属抵抗表面局部破裂的能力。

（1）莫氏硬度

莫氏硬度(Mohs hardness)是以材料抵抗刻划的能力作为衡量硬度的依据。测定莫氏硬度时,使用棱锥形金刚钻针刻划矿物的表面而发生划痕,用测得的划痕深度来表示硬度,从软到硬分为 10 级[195]:滑石 1（硬度最小）,石膏 2,方解石 3,萤石 4,磷灰石 5,正长石 6,石英 7,黄玉 8,刚玉 9,金刚石 10。如果一种材料不能用莫氏硬度标号为 $n$ 的矿物刻划出划痕,而只能用莫氏硬度标号为 $n+1$ 的矿物刻划出划痕时,它的莫氏硬度为$(n+1/2)$级。随着莫氏硬度的应用范围日益扩大,它的级数也有所增加。

（2）马氏硬度

将标准压头在一定的荷载作用下压入被测物体的表面,移动压头使其在金属表面刻划出一条划痕,通过此种方法得到的硬度称为马氏硬度(Martens hardness,HM)。马氏硬度是用锥面夹角为 90°的金刚石锥体,刻划出 10 $\mu$m 宽的划痕所需的荷载作为量度。研究表明,马氏硬度值用荷载与划痕宽度平方的比值来度量更为准确[195]。马氏硬度由下式得到:

$$HM \approx \frac{F}{b^2} \qquad (7.8)$$

式中:$F$ 为垂直荷载(gf);$b$ 为划痕宽度(mm);HM 的单位为 gf/mm$^2$。

### 7.2.4 显微硬度

前文介绍的布氏硬度、洛氏硬度和维氏硬度试验法由于测定荷载较大,适用于材料组织的平均硬度值。但是若要测定小范围内材料的硬度、扩散层组织和较薄构件的硬度,上述三种方法就不适用了。另外,它们也不适用于水泥基材料、陶瓷等脆性材料,因为这类材料在荷载较大时容易开裂。因此,进入 21 世纪以来,显微硬度试验也在科研及实际生产中得到了广泛的应用。

显微硬度是借助显微镜对材料进行硬度的测定[196],试验时采用的荷载很小,在试样上产生的压痕也很小。根据试验时使用压头的不同,显微硬度最常用的有维氏显微硬度和努氏(Knoop)显微硬度两种。

(1) 维氏显微硬度

维氏显微硬度实质上就是小荷载的维氏硬度,其试验荷载比维氏硬度试验低 1~2 个数量级,一般测试荷载小于 2 N,压痕的长度也变得很微小,其测试原理和维氏硬度试验基本一致。维氏显微硬度仍以符号 HV 表示,但必须标明荷载的大小,如 180 HV 0.1 表示试验力为 0.1 kgf 时测得的维氏显微硬度为 180。

(2) 努氏显微硬度

在荷载 $F$ 作用下努氏压头压入待测试样表面某个细微区域,由于努氏压头为 172.5° 的菱形角锥,棱线与短对角线的夹角为 130°,因此持荷一段时间后,可以观察到压痕呈细长的菱形。为了减小测量的相对误差,一般只需测量压痕长对角线的长度 $l$,即可由下式得到努氏显微硬度:

$$HK = 14.21 \frac{F}{l^2} \tag{7.9}$$

式中:$F$ 为试验荷载(kgf);$l$ 为压痕长对角线的长度(mm);HK 为努氏显微硬度值,单位为 kgf/mm²。

显微硬度试验最大的特点是荷载小,因而产生的压痕极小,几乎不损坏试样,又便于测定微小区域的硬度值。显微硬度试验的另一特点是灵敏度高。在硬度试验中,显微硬度试验已广泛应用于冶金、机械制造、精密仪器仪表等工业部门。在材料科学与工程的研究中,也成为金相学、金属学、金属物理学方面的试验和研究方法之一。

# 7.3　试验

## 7.3.1　维氏显微硬度试验

依第三章所述,成型不同水胶比和不同粉煤灰掺量的圆柱形水泥石试样,养护 91 d 后,浸入 6 mol/L 的 $NH_4Cl$ 溶液进行加速溶蚀试验。维氏硬度试验不设置对照组,原因列于 7.4.1 小节。

选用维氏显微硬度仪 HDX—1000TC 对溶蚀水泥石试样进行维氏显微硬度(简称维氏硬度)测定。将圆柱形试样横向切开,从圆形断面最外侧沿直径方向每隔 2.5 mm 测取一组 6 个维氏硬度的数值,该点的维氏硬度为 6 个测试数值的平均值。试验负荷为 0.980 7 N(0.1 kgf),持荷时间为 10 s。维氏硬度按式(7.4)计算。

## 7.3.2　SEM 和 EDS 试验

取溶蚀 140 d 的 0.50 PC 试样,进行扫描电子显微镜(SEM)测试,结合 SEM 测试结果,垂直于试样溶解峰线,进行能量色散 X 射线谱(EDS)测试。试验结果如图 7.4 和图 7.5 所示。

从图 7.4(a)～图 7.4(c)可以看出:材料的溶蚀区域由于受到加速溶蚀作用,固相水化产物的形貌产生了很大的改变,从而影响材料的孔隙率和孔结构;图 7.4(d)～图 7.4(f)给出了六边形 $Ca(OH)_2$ 和板状 $Ca(OH)_2$ 在遭受溶蚀破坏后的形貌[六边形 $Ca(OH)_2$ 边缘严重损伤,并且旁边生成了新的腐蚀产物;板状 $Ca(OH)_2$ 崩溃、坍塌]。

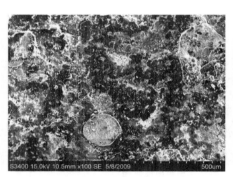

（a）固相水化产物骨架结构(1)

（b）固相水化产物骨架结构(2)

（c）固相水化产物骨架结构(3)

（d）$Ca(OH)_2$(1)

(e) Ca(OH)$_2$(2)          (f) Ca(OH)$_2$(3)

(g) C-S-H 凝胶(1)          (h) C-S-H 凝胶(2)

**图 7.4 溶蚀 140 d 时 0.50PC 试件的 SEM 照片**

图 7.4(g)和图 7.4(h)给出了 C-S-H 凝胶在遭受溶蚀破坏后的形貌，可以看出，C-S-H 凝胶由针状结构转变成为絮状结构。研究表明，随着钙硅比增加，C-S-H 凝胶的形貌由片状絮状结构逐步转变为粗短的针棒状结构[197-203]。因此有理由推断，材料在 NH$_4$Cl 溶液的溶蚀作用下，水化产物 C-S-H 凝胶中的 Ca 逐渐被溶出，Ca/Si 随着溶蚀过程的进行而逐渐降低。

图 7.5(a)给出了进行 EDS 试验的位置：图右侧是溶蚀区域，而由图中左右侧颜色的对比可以确定 Ca(OH)$_2$ 溶解峰线的位置大约为 $x=0.89$ mm 处。试验正是垂直于此溶解峰线进行。测得各种元素沿此方向的变化情况也在图中标出。特别地，将 Ca、Si、Al 及 Cl 元素含量的分布情况列于图 7.5(b)。从图 7.5(b)中可以看出：在溶解峰线左侧的完好区域，Ca 含量变化情况不大；溶解峰线附近的区域，Ca 含量呈现逐步下降的趋势；而在溶解峰线右侧的溶蚀区域，Ca 含量有明显的降低。Ca 含量的 EDS 测试结果与维氏硬度的测

试结果规律吻合良好。类似地,沿溶蚀深度的 Cl 含量也服从此种规律分布:在溶解峰线左侧的完好区域,Cl 含量变化情况不大;溶解峰线附近的区域,Cl含量呈现逐步上升的趋势;而在溶解峰线右侧的溶蚀区域,Cl 含量有明显的升高。

1 mm  电子图像

(a) EDS 扫描位置

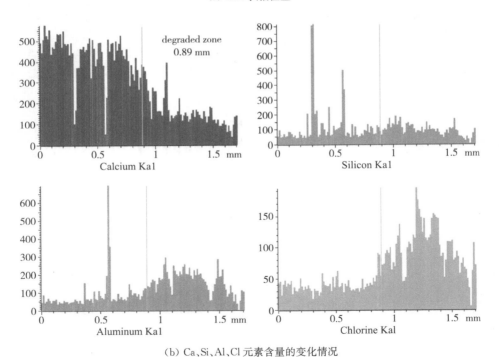

(b) Ca、Si、Al、Cl 元素含量的变化情况

图 7.5 EDS 测试结果

# 7.4  结果与讨论

## 7.4.1  水胶比对维氏硬度的影响

图 7.6 和图 7.7 分别给出了不同水胶比 PC 溶蚀试样和 FA30 溶蚀试样的维氏硬度与试样深度的关系。从图 7.6 和图 7.7 中可以看出,在不同的溶蚀龄期,试样由内至外,维氏硬度逐渐降低。这个现象与溶蚀过程是紧密相关的。随着溶蚀过程的进行,试样表层的 $Ca(OH)_2$ 不断溶出,C－S－H 凝胶逐渐脱钙,导致固相水化产物中的 $Ca^{2+}$ 浓度降低,而在试样内部未溶蚀的区域,固相水化产物和液相之间的化学平衡未被打破,因此 $Ca^{2+}$ 浓度不会发生变化。另外,对于 PC 和 FA30 这两个系列的试样,维氏硬度都随着水胶比的增大而减小,无论是在试样外部的溶蚀区域,还是在试样内部的完好区域。这是因为 $W/C$ 较大的试样,其孔隙率较大,结构较疏松,这与"试样的强度越大,硬度也越大"的经验规律相符。

从图 7.6 和图 7.7 中还可以看出,溶蚀时间越长,溶蚀区域维氏硬度的损失越多,但是完好区域维氏硬度的变化不大。这说明在养护 28 d 之后,维氏硬度的增量已不明显。因此在进行维氏硬度的试验时,不设置对照组。

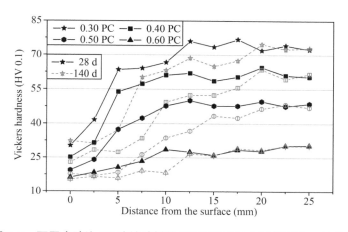

**图 7.6  不同水胶比 PC 溶蚀试样的维氏硬度 HV 与试样深度 $r$ 的关系**

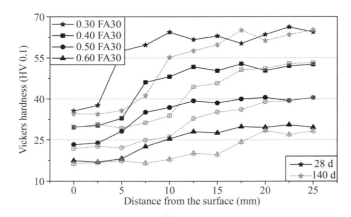

图 7.7　不同水胶比 FA30 溶蚀试样的维氏硬度 HV 与试样深度 r 的关系

## 7.4.2　粉煤灰掺量对维氏硬度的影响

图 7.8 分别给出了 $W/C$ 在 0.30～0.60 之间变化时不同水胶比 PC 与 FA30 试样的维氏硬度与试样深度的关系。从图 7.8(a)～图 7.8(d)中可以看出,当水胶比一定时,FA30 试样完好区域的维氏硬度较 PC 试样的低,但溶蚀区域的维氏硬度较 PC 试样的高。这说明粉煤灰的掺入,有效地降低了试样维氏硬度的损失,从而提高了水泥石的抗溶蚀能力。

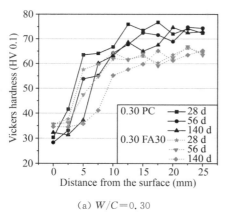

(a) $W/C$＝0.30

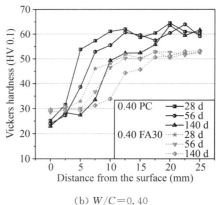

(b) $W/C$＝0.40

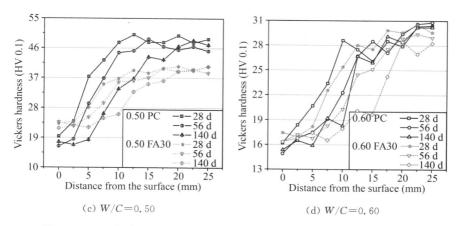

（c）$W/C=0.50$　　　　　　（d）$W/C=0.60$

**图 7.8　不同水胶比 PC 与 FA30 溶蚀试样的维氏硬度与试样深度的关系**

为了研究不同粉煤灰掺量对水泥石试样维氏硬度的影响，不同溶蚀时间 $W/C=0.50$ 试样的维氏硬度与试样深度的关系如图 7.9 所示。从图 7.9 中

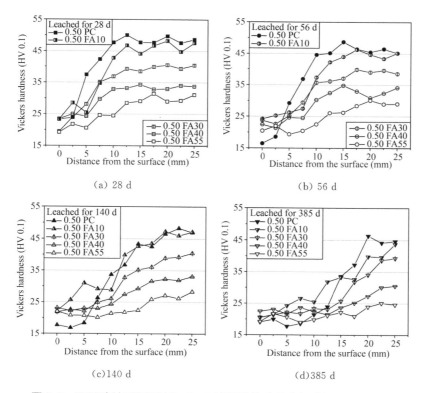

（a）28 d　　　　　　　　（b）56 d

（c）140 d　　　　　　　　（d）385 d

**图 7.9　不同溶蚀时间 $W/C=0.50$ 试样的维氏硬度与试样深度的关系**

可以看出,在任何溶蚀时期,试样内部区域的维氏硬度都随着粉煤灰掺量的增加而降低。这种关系反映了粉煤灰掺量对完好试样维氏硬度的影响,并不随着溶蚀时间的增长而改变。另外,粉煤灰掺量对完好试样维氏硬度的影响规律与其对抗压强度的影响规律一致:粉煤灰掺量越大,完好试样的维氏硬度和抗压强度越低。

由于受到溶出性侵蚀作用,试样外部区域的维氏硬度将会不断降低。在不同溶蚀时期,试样外部区域的维氏硬度与粉煤灰掺量之间呈现出不同的关系。由图 7.9 知,在试样外部区域,0.50 PC 试样维氏硬度的降幅最大,下降的速度也最快,其余各组的维氏硬度基本随着粉煤灰掺量的增加而降低。在溶蚀 28 d 时,0.50 PC 试样外部区域的维氏硬度就降低至 23(HV0.1)左右,与 0.50 FA30 和 0.50 FA40 试样保持一致,但略高于 0.50 FA55;溶蚀 56 d 时,0.50 PC 试样外部区域的维氏硬度就降低至 16(HV0.1)左右,位居并且在此后一直保持五组试样的最低位置。

# 7.5 维氏硬度预测模型

## 7.5.1 基本假定和函数的选取

各组试样维氏硬度试验值的变化规律十分相近。因此以 0.50 FA10 试样为例,不同溶蚀时间维氏硬度与试样深度的关系如图 7.10 所示。

将图 7.10 与对应试件的溶蚀深度进行比较,可以将试样断面沿其深度方向分为三个不同的区域:溶蚀区域(deteriorated zone)、过渡区域(transitional zone)和完好区域(sound zone),如图 7.11 所示。从试样外表面至溶蚀深度的一段,维氏硬度有显著的下降,被称为溶蚀区域;溶蚀前后维氏硬度变化不大的一段,被称为完好区域;介于两者之间的一段,维氏硬度逐渐缓慢地下降,被称为过渡区域。值得注意的是,虽然 $Ca(OH)_2$ 的溶解峰线尚未到达过渡区域,但是该区域的维氏硬度仍有所降低,而微观试验 EDS 的结果也显示,过渡区域 $Ca^{2+}$ 浓度也有所降低,所有这些因素在建立模型时将会被考虑。

为了建立维氏硬度的预测模型,需要做出如下假定:

(1) 在溶蚀过程中,强度和硬度等力学性能逐渐劣化,但是,从试验结果来看,完全溶蚀区域仍有残余强度。因此,第一个假定为:加在试样上的荷载

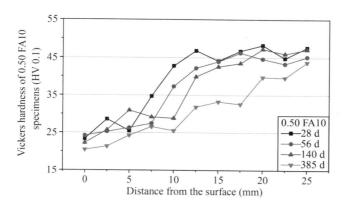

**图 7.10　不同溶蚀时间 0.50 FA10 试样的维氏硬度与试样深度的关系**

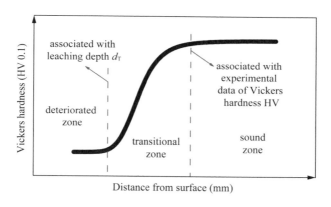

**图 7.11　溶蚀试样断面的区域划分示意图**

由完好区域、过渡区域和溶蚀区域共同承受。

（2）随着溶蚀过程的进行，溶蚀区域的 $Ca(OH)_2$ 完全溶出，$C-S-H$ 凝胶部分脱钙，从而导致溶蚀区域的力学性能逐渐劣化。假定溶蚀区域的力学性能与溶蚀时间成线性负相关。

（3）假定随着溶蚀过程的进行，完好区域的维氏硬度保持不变。

基于以上假定，可以用一个简单的函数拟合图 7.6 及图 7.7 中的试验数据，这个函数的表达式如式（7.10）所示：

$$HV = \frac{A_1 - A_2}{1 + \left(\dfrac{r}{x_0}\right)^p} + A_2 \tag{7.10}$$

式中：$r$ 为自变量；HV 为因变量。当 $r=0$ 时，$HV=A_1$；当 $r \to \infty$ 时，$HV \to A_2$；当 $r=x_0$ 时，$HV=(A_1+A_2)/2$。$p$ 为与曲线形状有关的参数；$p$ 值越大，曲线从低谷 $A_1$ 上升至高峰 $A_2$ 的速度越快。$p$ 和 $x_0$ 对曲线形状的影响如图 7.12 所示。

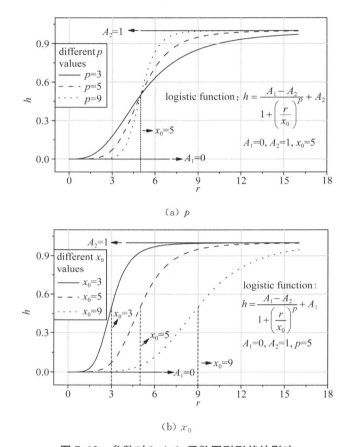

（a）$p$

（b）$x_0$

**图 7.12 参数对 logistic 函数图形形状的影响**

因此，为了使用此函数拟合维氏硬度试验值，可以结合该函数的特点，令其中的各个字母代表某个特定的物理量：HV 为维氏硬度值（HV 0.1）；$A_1$ 为溶蚀区域的维氏硬度，根据假定（2），为与溶蚀时间成线性负相关的变量，其值与溶蚀区域的初始维氏硬度 $A_1^b$、溶蚀区域的最终维氏硬度 $A_1^f$ 及溶蚀时间 $t$ 有关，其值由溶蚀区域维氏硬度的试验值得到，并且随着溶蚀时间的增长而不断降低；$A_2$ 为完好区域的维氏硬度，根据假定（3），在溶蚀过程中为常量，其值由完好区域维氏硬度的试验值得到；$x_0$ 和 $p$ 为与过渡区域相关的系数，为常量。$A_1$ 和 $A_2$ 的值由表 7.1 和式(7.11)确定，$x_0$ 和 $p$ 的值由式(7.12)和式(7.13)确定：

$$A_1 = A_1^b - \frac{(A_1^b - A_1^f)}{t_d} \cdot t = A_1(t) \qquad (7.11)$$

$$x_0 = \frac{1}{40}(r_0 - d) \cdot d + d \qquad (7.12)$$

$$p = 5 \qquad (7.13)$$

式中：$t_d$ 为试样完全溶蚀所需的时间(d)；$r_0 = 25$ mm 为圆柱形试样的半径。

**表 7.1　各组试件溶蚀区域的初始维氏硬度 $A_1^b$、最终维氏硬度 $A_1^f$**

**以及完好区域维氏硬度 $A_2$ 值(HV 0.1)**

| 试样 | $A_1^b$ | $A_1^f$ | $A_2$ |
|---|---|---|---|
| 0.30 PC | 30.16 | 8.58 | 74.11 |
| 0.30 FA30 | 35.6 | 30.69 | 63.86 |
| 0.40 PC | 25.55 | 9.11 | 60.46 |
| 0.40 FA30 | 29.34 | 25.48 | 51.47 |
| 0.50 PC | 20.06 | 10.94 | 49.33 |
| 0.50 FA10 | 23.86 | 20.9 | 45.89 |
| 0.50 FA30 | 23.15 | 20.6 | 40.63 |
| 0.50 FA40 | 23.17 | 21.56 | 34.05 |
| 0.50 FA55 | 21.04 | 19.99 | 29.56 |
| 0.60 PC | 14.52 | 10.63 | 32.76 |
| 0.60 FA30 | 17.07 | 15.69 | 29.31 |

## 7.5.2　维氏硬度预测模型

由于试样溶蚀深度与时间存在下列关系：

$$d = k \cdot \sqrt{t} \qquad (7.14)$$

因此，试样完全溶蚀所需的时间 $t_d$ 通过下式得到：

$$t_{\mathrm{d}} = \left(\frac{r_0}{k}\right)^2 \qquad (7.15)$$

将式(7.11)至式(7.15)代入式(7.10),得:

$$\mathrm{HV} = \frac{A_1(t) - A_2}{1 + \left(\dfrac{r}{\dfrac{1}{5}r_0 + \dfrac{4}{5}k\sqrt{t}}\right)^p} + A_2 = HV(r, t) \qquad (7.16)$$

对于 0.50 FA10 试样,式(7.16)的函数图像如图 7.13 所示,图像反映了在不同溶蚀时间 $t$ 时,0.50 FA10 试样的维氏硬度 HV 随试样横截面深度 $r$ 改变的变化规律。

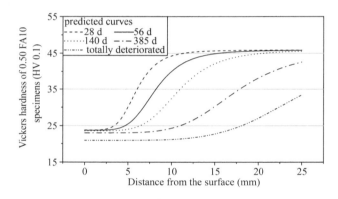

**图 7.13  不同溶蚀时间时 0.50 FA10 试样维氏硬度的模拟函数曲线**

图 7.14 给出了图 7.10 中试验数据的拟合曲线。从图 7.14 中可以看出,

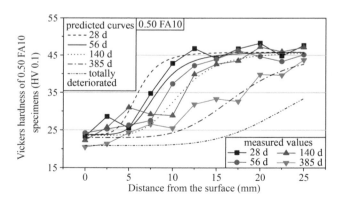

**图 7.14  不同溶蚀时间时 0.50 FA10 试样的硬度试验值与函数拟合曲线**

模拟函数对试验数值的拟合精度是可以接受的,拟合方法是可行的。图 7.15 分别给出了其余配合比水泥石试样在不同溶蚀时间的维氏硬度预测函数及实测维氏硬度值。

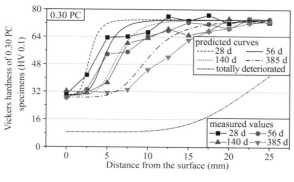

（a）0.30 PC

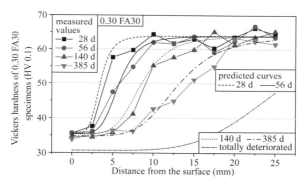

（b）0.30 FA30

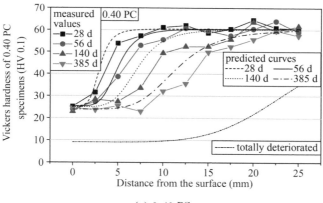

（c）0.40 PC

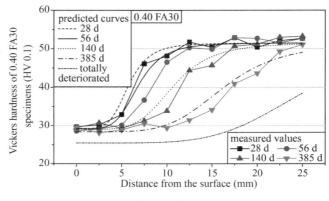

(d) 0.40 FA30

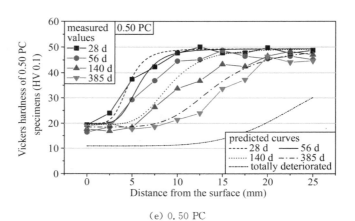

(e) 0.50 PC

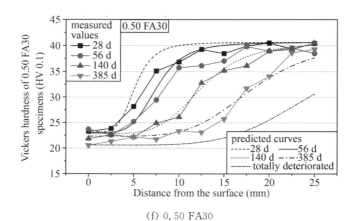

(f) 0.50 FA30

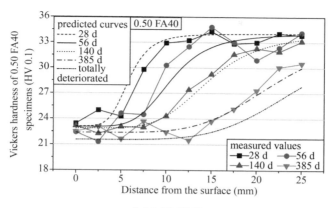

(g) 0.50 FA40

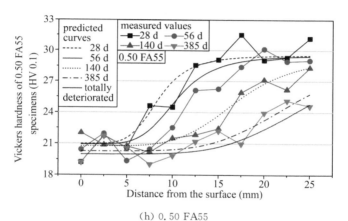

(h) 0.50 FA55

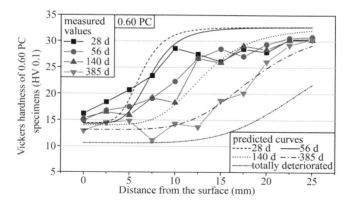

(i) 0.60 PC

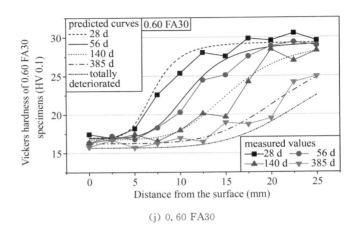

(j) 0.60 FA30

**图 7.15　不同配合比的水泥石试样在不同溶蚀时间的维氏硬度预测函数及实测维氏硬度值**

## 7.6　本章小结

　　本章概述材料的硬度特征,分类介绍材料硬度的测试方法和计算公式,分析材料不同硬度测试方法的优缺点。在此基础上,选定维氏硬度作为硬度试验方法,并对不同配合比的溶蚀水泥石试样进行维氏硬度的测定,总结试验数据的规律,提出了溶蚀水泥石试样断面的划分方法,建立了维氏硬度预测模型。得到的主要结论如下:

　　(1)溶蚀水泥石试样由外至内,维氏硬度不断增大。对比溶蚀试样断面沿其深度方向的维氏硬度曲线与其在相应溶蚀龄期的溶蚀深度,可将试样断面由外至内分为三个不同的区域:溶蚀区域、过渡区域和完好区域。从试样外表面至溶蚀深度的一段,维氏硬度有显著的下降,被称为溶蚀区域;溶蚀前后维氏硬度变化不大的一段,被称为完好区域;介于两者之间的一段,维氏硬度逐渐缓慢地下降,被称为过渡区域。

　　(2)随着溶蚀时间的增长,完好区域的维氏硬度变化不大,这说明未经受溶蚀作用的试样在养护 91 d 之后,维氏硬度的增量已不明显;溶蚀区域的维氏硬度逐渐降低。

　　(3)对于水胶比为 0.30~0.60 范围内的水泥石,溶蚀试样各个区域的维氏硬度都随着水胶比的增大而减小；当水胶比一定时，单掺 30％粉煤灰水泥石试样完好区域的维氏硬度较纯水泥石试样的低，但溶蚀区域的维氏硬度较纯水泥石试样的高。这说明粉煤灰的掺入，有效地降低了试样维氏硬度的损失，从而提高了水泥石的抗溶蚀能力。

（4）对于粉煤灰掺量为 10％～55％范围内的水泥石，随着粉煤灰掺量的增加，试样完好区域的维氏硬度降低，溶蚀区域维氏硬度的降幅也基本呈降低的趋势；当粉煤灰掺量一定时，水胶比越大，溶蚀区域维氏硬度的降幅越小。另外，在溶蚀初期，水胶比对溶蚀区域维氏硬度的损失率影响不明显；在溶蚀后期直至试样完全溶蚀时，水胶比越大，溶蚀区域维氏硬度的损失率越小。

# 第8章 基于等效维氏硬度的抗压强度损失率预测模型

## 8.1 引言

基于等效维氏硬度的抗压强度损失率预测模型不仅在宏观的抗压强度和微观的维氏硬度之间建立了关系,而且作为一种无损检测手段,在工程实际中更易操作。本章紧承第7章维氏硬度的研究结果,提出当量硬度以及等效维氏硬度的概念,并基于等效维氏硬度建立水泥石抗压强度损失率的预测模型。使用该模型对不同水胶比和不同粉煤灰掺量的溶蚀试样在不同龄期时的抗压强度损失率进行预测,预测结果可与第五章中基于抗压强度损失与溶蚀程度的线性拟合关系得到的预测结果相互印证。

## 8.2 当量硬度及其预测模型

### 8.2.1 当量硬度

为了探究维氏硬度与单轴抗压强度以及三点弯曲强度的关系,需要建立当量硬度的概念。如前文所述,维氏硬度 HV 的计算公式如下:

$$HV = \frac{P}{A} \tag{8.1}$$

式中:$P$ 为试验力(kgf);$A$ 为压痕的面积($mm^2$)。由维氏硬度的计算公式可以看出,HV 的单位为 $kgf/mm^2$。因为 $1\ kgf/mm^2 \approx 9.8\ N/mm^2$,为了使维

氏硬度的数值保持一致,引入系数 0.102(1/9.8),故式(8.1)可以写为如下形式:

$$HV = \frac{0.102F}{A} \tag{8.2}$$

式中:$F$ 为试验力(N),注意其单位为 N 而不是 kgf。将以 kgf 和 N 为单位的试验力分别代入式(8.1)和式(8.2)都能计算出材料的维氏硬度,且两式得到的维氏硬度数值一致。将式(8.2)的两边同除以系数 0.102,等式右边得到以 N/mm²(即 MPa)为单位的量,定义为材料的当量维氏硬度,简称当量硬度(equiva-hardness),用符号 $h$ 表示,即:

$$h = \frac{F}{A} \tag{8.3}$$

当量硬度(MPa)反映了试样横截面单位面积所承受的荷载。在第七章中,对维氏硬度与溶蚀时间和试样深度的关系进行了分析。由当量硬度的计算公式可以看出,对于不同溶蚀龄期、水胶比和粉煤灰掺量的水泥石试样,当量硬度具有与维氏硬度相同的变化规律,以 0.50 FA10 试样为例,其在不同溶蚀时间的当量硬度试验值与试样深度的关系如图 8.1 所示。

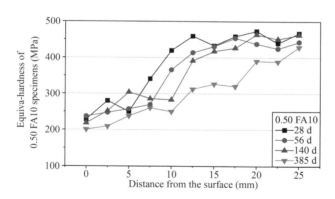

**图 8.1　不同溶蚀时间 0.50 FA10 试样的当量硬度试验值与试样深度的关系**

## 8.2.2　当量硬度预测模型

考虑到当量硬度与维氏硬度之间的关系,可使用第七章中维氏硬度的预测模型函数建立当量硬度的预测模型,仅需重新赋予其中参数的含义,并新设定其取值。当量硬度预测模型所用函数见下式：

$$h = \frac{a_1 - a_2}{1 + \left(\dfrac{r}{x_0}\right)^p} + a_2 \tag{8.4}$$

式中：$r$ 为自变量；$h$ 为因变量。当 $r = 0$ 时，$h = a_1$；当 $r \to \infty$ 时，$h \to a_2$；当 $r = x_0$ 时，函数 $h = (a_1 + a_2)/2$。$p$ 是与曲线形状有关的参数：$p$ 值越大，曲线从低谷 $a_1$ 上升至高峰 $a_2$ 的速度越快。

类似地，令式(8.4)中各个字母代表如下含义：$h$ 为维氏硬度(HV 0.1)对应的当量硬度(MPa)；$a_1$ 为溶蚀区域的当量硬度(MPa)，与溶蚀时间成线性负相关，其值与溶蚀区域的初始当量硬度 $a_1^b$(MPa)、溶蚀区域的最终当量硬度 $a_1^f$(MPa)及溶蚀时间 $t$ 有关，其值由溶蚀区域维氏硬度的试验值得到，并且随着溶蚀时间的增长而不断降低；$a_2$ 为完好区域的当量硬度(MPa)，在溶蚀过程中为常量，其值由完好区域维氏硬度的试验值得到；$x_0$ 和 $p$ 为与过渡区域相关的系数，为常量。$a_1^b$、$a_1^f$ 和 $a_2$ 由式(8.5)得到，其值列于表 8.1。$a_1$、$x_0$ 和 $p$ 的值分别由式(8.6)、式(8.7)和式(8.8)得到：

$$\begin{cases} a_1^b = A_1^b/0.102 \\ a_1^f = A_1^f/0.102 \\ a_2 = A_2/0.102 \end{cases} \tag{8.5}$$

$$a_1 = a_1^b - \frac{(a_1^b - a_1^f)}{t_d} \cdot t = a_1(t) \tag{8.6}$$

$$x_0 = \frac{1}{40}(r_0 - d) \cdot d + d \tag{8.7}$$

$$p = 5 \tag{8.8}$$

式中：$t_d$ 为试样完全溶蚀所需的时间(d)；$r_0 = 25$ mm 为圆柱形试样的半径。

**表 8.1　各组试件溶蚀区域的初始当量硬度 $a_1^b$、最终当量硬度 $a_1^f$ 以及完好区域当量硬度 $a_2$ 值(MPa)**

| 试样 | $a_1^b$ | $a_1^f$ | $a_2$ |
|---|---|---|---|
| 0.30 PC | 295.69 | 84.12 | 726.57 |

续表

| 试样 | $a_1^b$ | $a_1^f$ | $a_2$ |
|---|---|---|---|
| 0.30 FA30 | 349.02 | 300.88 | 626.08 |
| 0.40 PC | 250.49 | 89.31 | 592.75 |
| 0.40 FA30 | 287.65 | 249.80 | 504.61 |
| 0.50 PC | 196.67 | 107.25 | 483.63 |
| 0.50 FA10 | 233.92 | 204.90 | 449.90 |
| 0.50 FA30 | 226.96 | 201.96 | 398.33 |
| 0.50 FA40 | 227.16 | 211.37 | 333.81 |
| 0.50 FA55 | 206.27 | 195.98 | 289.80 |
| 0.60 PC | 142.35 | 104.22 | 321.18 |
| 0.60 FA30 | 167.35 | 153.82 | 287.35 |

由于试样溶蚀深度与时间存在下列关系：

$$d = k \cdot \sqrt{t} \qquad (8.9)$$

因此，试样完全溶蚀所需的时间 $t_d$ 通过下式得到：

$$t_d = \left(\frac{r_0}{k}\right)^2 \qquad (8.10)$$

将式(8.6)至式(8.10)代入式(8.4)，得：

$$h(r,t) = \frac{a_1(t) - a_2}{1 + \left(\dfrac{r}{\dfrac{1}{5}r_0 + \dfrac{4}{5}k\sqrt{t}}\right)^p} + a_2 \qquad (8.11)$$

式(8.11)的函数图像如图 8.2 所示，图像反映了在不同溶蚀时间 $t$ 时，不同试样的当量硬度 $h$ 随试样横截面深度 $r$ 的变化规律。

图 8.3 给出了图 8.1 中试验数据的拟合。从图 8.3 中可以看出，模拟函数对试验数值的拟合精度同样是可以接受的。图 8.4 给出了其余配合比水泥石试样在不同溶蚀时间的当量硬度试验值及其预测函数的图像。

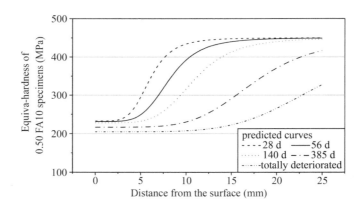

**图 8.2　不同溶蚀时间 0.50 FA10 试样当量硬度的模拟函数曲线**

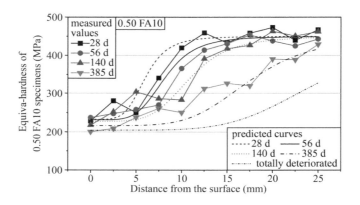

**图 8.3　不同溶蚀时间 0.50 FA10 试样的当量硬度试验值与函数拟合曲线**

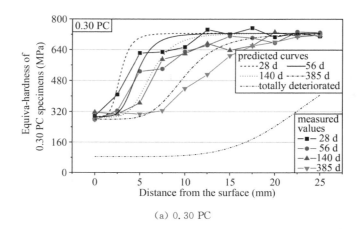

（a）0.30 PC

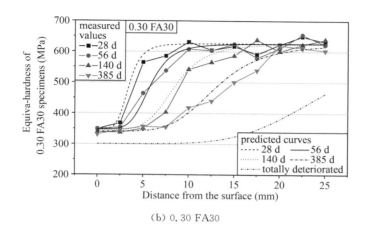

（b）0.30 FA30

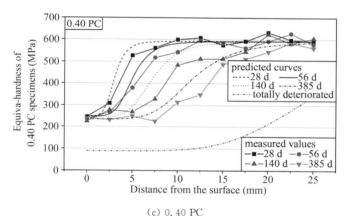

（c）0.40 PC

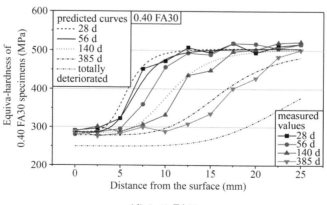

（d）0.40 FA30

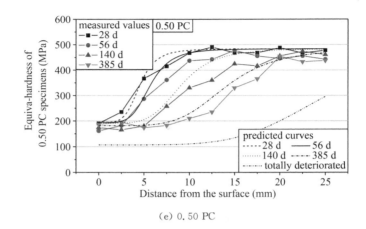

（e）0.50 PC

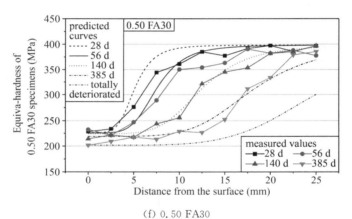

（f）0.50 FA30

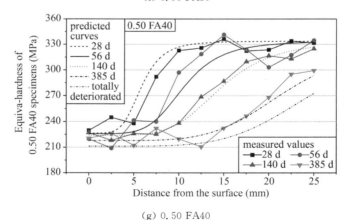

（g）0.50 FA40

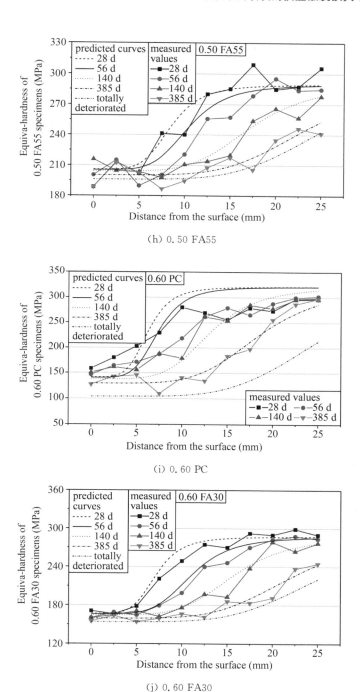

(h) 0.50 FA55

(i) 0.60 PC

(j) 0.60 FA30

**图 8.4　不同配合比的水泥石试样在不同溶蚀时间的当量硬度试验值及其预测函数**

## 8.3 等效维氏硬度

假设试验时荷载均匀分布,以试样断面的圆心为坐标原点建立平面极坐标系,在极坐标系内对式(8.11)进行积分,积分变量予以相应调整。得到试样断面的等效当量硬度 $\bar{h}$ :

$$\bar{h} = \frac{\int_0^{2\pi} \mathrm{d}\varphi \int_0^{r_0} h(r_0 - r, t) \cdot r \cdot \mathrm{d}r}{\pi r_0^2} \tag{8.12}$$

类似地,将等效当量硬度 $\bar{h}$ 乘以一个系数,转换为以 $\mathrm{kgf/mm^2}$ 为单位的量,定义为材料的等效维氏硬度(effective Vickers hardness),记为 $\overline{\mathrm{HV}}$ 。任意溶蚀时间下试样的等效维氏硬度 $\overline{\mathrm{HV}}$ 通过下式计算:

$$\overline{\mathrm{HV}} = 0.102\bar{h} = \frac{0.102 \int_0^{2\pi} \mathrm{d}\varphi \int_0^{r_0} h(r_0 - r, t) \cdot r \cdot \mathrm{d}r}{\pi r_0^2} \tag{8.13}$$

对于不同水胶比的水泥石试样,其等效维氏硬度 $\overline{\mathrm{HV}}$ 与溶蚀时间 $t$ 的关系如图 8.5(a)和图 8.5(b)所示。由图 8.5 可以看出,随着溶蚀时间的不断增长,试样的等效维氏硬度不断降低。在溶蚀的前期,等效维氏硬度的下降速度较快;而在溶蚀的后期,等效维氏硬度的下降速度逐渐变缓。

除此之外,由图 8.5 还可以发现:随着水胶比的增加,等效维氏硬度的损失量逐渐减少。

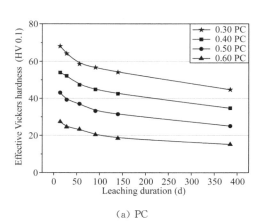

(a) PC

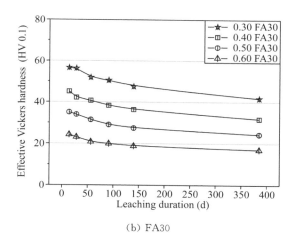

（b）FA30

**图 8.5　不同水胶比试样的等效维氏硬度与溶蚀时间的关系**

对于不同粉煤灰掺量的 $W/C＝0.50$ 水泥石试样，其等效维氏硬度与溶蚀时间的关系如图 8.6 所示。由图 8.6 可以发现：随着粉煤灰掺量的增加，等效维氏硬度的损失量也逐渐减少。而粉煤灰掺量对等效维氏硬度损失量的影响较水胶比对其的影响更为明显。

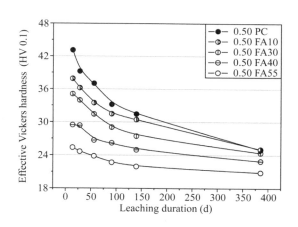

**图 8.6　不同粉煤灰掺量的 $W/C＝0.50$ 试样的等效维氏硬度与溶蚀时间的关系**

## 8.4 基于等效维氏硬度的单轴抗压强度损失率预测模型

### 8.4.1 等效维氏硬度-单轴抗压强度曲线

随着溶蚀过程的进行,试样的等效维氏硬度不断降低。由第五章知,试样的单轴抗压强度也在不断降低。为了探究等效维氏硬度和抗压强度之间的关系,绘制 PC 和 FA30 试样在溶蚀过程中的等效维氏硬度 $\overline{HV}$-抗压强度 $\sigma_c$ 关系图,并用经过原点的一条直线对图中的数据点进行拟合,数据点及线性拟合结果如图 8.7 所示。图 8.7(a)和图 8.7(b)中的数据点分别采集自不同水胶比的 PC 试样和 FA30 试样。

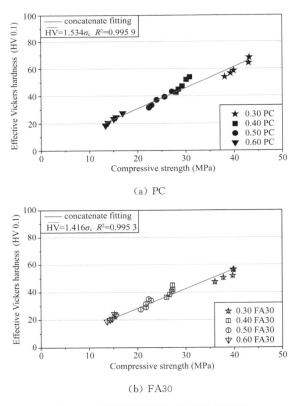

（a）PC

（b）FA30

图 8.7 等效维氏硬度-抗压强度曲线

图 8.7(a)中拟合曲线的决定系数 $R^2＝0.995\,9$,标准差 $\sigma^2＝0.022\,0$。拟合结果表明:使用一条直线对数据点进行拟合,其精度很高,拟合结果完全可以接受。这意味着水胶比这一因素对等效维氏硬度-抗压强度曲线的影响很小,可以忽略。同样地,用一条经过原点的直线拟合图 8.7(b)中的数据点,从拟合曲线的决定系数和标准差来看,水胶比这一因素对 FA30 系列试样的等效维氏硬度-抗压强度曲线关系影响也同样可以忽略。

绘制 $W/C＝0.50$ 试样在溶蚀过程中的等效维氏硬度(HV 0.1)-抗压强度(MPa)数据点,并用经过原点的一条直线对数据点进行拟合,数据点及线性拟合结果如图 8.8 所示。

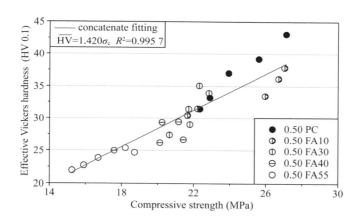

**图 8.8　$W/C＝0.50$ 试样的等效维氏硬度-抗压强度曲线**

图 8.8 中拟合曲线的决定系数 $R^2＝0.995\,7$,标准差 $\sigma^2＝0.018\,7$。拟合结果表明:使用一条直线对采集自不同粉煤灰掺量试样的数据点进行拟合,拟合精度很高,拟合结果完全可以接受。这说明粉煤灰掺量这一因素对等效维氏硬度-抗压强度曲线的影响很小,同样可以忽略。因此,可以用一条直线拟合所有试样组的数据点,如图 8.9 所示。

## 8.4.2　单轴抗压强度损失率的预测模型

由图 8.9 知:对于研究范围内的任意一组试样,无论水胶比和粉煤灰掺量如何变化,其等效维氏硬度 $\overline{\mathrm{HV}}$ 与抗压强度 $\sigma_c$ 之间存在如下关系:

$$\overline{\mathrm{HV}}＝1.460\sigma_c \tag{8.14}$$

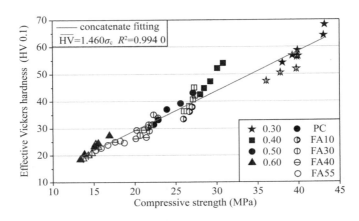

**图 8.9　等效维氏硬度-抗压强度曲线**

即：

$$\sigma_c = 0.685\overline{HV} \tag{8.15}$$

任意溶蚀时间的等效维氏硬度 $\overline{HV}$ 由式(8.13)得到。将 $\overline{HV}$ 值代入式(8.15)中，可以得到任意溶蚀时间的抗压强度 $\sigma_c$。以完全溶蚀试样为例，通过式(8.13)计算得到各组试样的等效维氏硬度残余值 $\overline{HV}_d$，然后通过式(8.15)得到各组完全溶蚀试样的抗压强度推定值 $\sigma_{cd}$，见表 8.2。由第五章知：在饱和 $Ca(OH)_2$ 溶液中养护 91 d 后，水泥石试样被分为溶蚀组和对照组分别进行试验，在为期 140 d 的试验阶段内，对照组的抗压强度仍有缓慢的增长。假定对照组试样在饱和 $Ca(OH)_2$ 溶液中养护 91 d＋140 d＝231 d 后，强度的增长量可以忽略不计，将表 8.2 中的 $\sigma_{cd}$ 值与养护 231 d 的对照组试样的抗压强度值进行比较，得到各组试样抗压强度损失率 $\Delta\sigma'_c(\%)$ 的预测值。由于该种方法是以等效维氏硬度的预测模型为基础，所以被称为基于等效维氏硬度的抗压强度损失率预测模型。

另外在第 5 章中，对水泥石试样抗压强度损失率也进行了预测。其预测模型的建立步骤可归纳为：首先对水泥石试样进行抗压强度试验，然后对抗压强度损失率与溶蚀程度进行线性拟合，在拟合结果的基础上建立抗压强度损失率 $\Delta\sigma_c(\%)$ 的预测模型。$\Delta\sigma_c(\%)$ 与 $\Delta\sigma'_c(\%)$ 之间的相对误差见表 8.2。

表 8.2　基于两种预测模型的各组试样抗压强度损失率的对比

| 试样 | 完全溶蚀试样的等效维氏硬度 $\overline{HV}_d$ （HV 0.1） | 完全溶蚀试样的抗压强度推定值 $\sigma_{cd}$ （MPa） | 基于等效维氏硬度建立的抗压强度损失率 $\Delta\sigma'_c$ 预测模型（%） | 基于线性拟合的抗压强度损失率 $\Delta\sigma_c$ 预测模型（%） | $\Delta\sigma_c$ 与 $\Delta\sigma'_c$ 两者之差（%） |
|---|---|---|---|---|---|
| 0.30 PC | 11.02 | 7.55 | 85.07 | 88.12 | 3.59 |
| 0.30 FA30 | 31.92 | 21.86 | 51.59 | 51.94 | 0.68 |
| 0.40 PC | 11.02 | 7.55 | 80.63 | 84.94 | 5.35 |
| 0.40 FA30 | 26.45 | 18.11 | 47.64 | 48.94 | 2.72 |
| 0.50 PC | 12.37 | 8.47 | 74.71 | 77.78 | 4.11 |
| 0.50 FA10 | 21.83 | 14.95 | 51.70 | 54.45 | 5.32 |
| 0.50 FA30 | 21.34 | 14.62 | 49.08 | 49.30 | 0.45 |
| 0.50 FA40 | 22.02 | 15.08 | 35.40 | 36.62 | 3.46 |
| 0.50 FA55 | 20.35 | 13.94 | 32.78 | 32.47 | −0.95 |
| 0.60 PC | 11.45 | 7.84 | 64.06 | 67.54 | 5.43 |
| 0.60 FA30 | 16.20 | 11.09 | 46.54 | 46.09 | −0.97 |

两种方法殊途同归,其结果又可相互印证。$\Delta\sigma_c$(%)与 $\Delta\sigma'_c$(%)之间的相对误差很小,表明两种方法的精度都是可以接受的,使用这两种方法对水泥石的抗压强度损失率进行预测都是可行的。

# 8.5　本章小结

本章紧承第 7 章,提出了当量硬度和等效维氏硬度的概念,建立了基于等效维氏硬度的抗压强度损失率预测模型。得到的主要结论如下:

（1）提出当量硬度和等效维氏硬度的概念。等效维氏硬度通过对当量硬度在试样横截面内积分得到。由于维氏硬度的单位是 kgf/mm²,不方便进行力学计算,因此通过一个系数,将维氏硬度 HV 转换为一个以 MPa 为单位的量,定义为材料的当量硬度 $h$。当量硬度具有与维氏硬度相同的变化规律。将当量硬度在试样横截面内积分,可以得到试样的等效当量硬度 $\overline{h}$（MPa）,继而得到等效维氏硬度 $\overline{HV}$ 。

（2）等效维氏硬度的预测模型使用与维氏硬度预测模型相同的函数，仅其中参数的含义和初始值不同。第 7 章已经得到了水泥石试样维氏硬度的预测模型，本章使用与维氏硬度预测模型相同的函数，将其中的参数重新赋予含义，并设定新的初始值，首先建立了等效维氏硬度 $\overline{HV}$ 的预测模型；随后，探寻了等效维氏硬度 $\overline{HV}$ 与抗压强度之间的关系规律，并在此基础上推导出基于平均维氏硬度的水泥石抗压强度损失率预测模型。

（3）两种预测模型对溶蚀水泥石抗压强度损失率的预测结果相差不大。使用基于等效维氏硬度的抗压强度损失率预测模型，对不同水胶比和不同粉煤灰掺量的溶蚀试样在不同龄期的抗压强度损失率进行了预测，将预测结果与第 5 章中基于抗压强度损失率和溶蚀程度的线性拟合关系得到的预测结果相比，两者之间的相对误差维持在 5.5% 以内，说明使用该方法对水泥石抗压强度损失率进行预测是可行的。与第 7 章中的预测模型相比，基于等效维氏硬度的抗压强度损失率预测模型不仅在宏观的抗压强度和微观的维氏硬度之间建立了关系，而且作为一种无损检测手段，在工程实际中更易操作。

# 第9章 东北地区水工混凝土典型病害及其原因分析

## 9.1 水工混凝土耐久性现状

我国是世界上水电资源最丰富的国家,理论蕴藏量 6.76 亿 kW,可开发的水电资源 3.78 亿 kW,位于世界之首。新中国成立以来,我国兴建了众多的大坝工程。20 世纪 50 年代兴建了 105 m 高的新安江水电站、105 m 高的新丰江水电站和 104 m 高的柘溪水电站等;60 年代以刘家峡水电站为代表的混凝土高坝已达 147 m;70 年代乌江渡水电站坝高 165 m、龙羊峡水电站坝高 178 m;80 年代的二滩水电站大坝高度已达 240 m;90 年代的小湾水电站拱坝高度为 292 m。进入 21 世纪,大坝的高度不断被刷新:溪洛渡水电站大坝坝高 285 m,锦屏一级水电站大坝坝高 305 m,为世界第一高坝[203]。

水利工程规模宏大,对防洪、发电、灌溉、航运等具有重大的经济效益和社会效益,因此要求水利工程的溶蚀耐久性必须得到保证,否则工程的安全和使用寿命难以满足需要,甚至造成严重的后果[204]。

原水利电力部于 1985 年组织了中国水利水电科学研究院、南京水利科学研究院、长江科学院等 9 家单位对全国 32 座混凝土高坝和 40 余座钢筋混凝土水闸等水工混凝土建筑物进行了耐久性和老化病害的调查,并编写了《全国水工混凝土建筑物耐久性及病害处理调查报告》[205]。

通过调查报告可以看出,在我国大型水利水电混凝土工程中,由于耐久性不良而出现的病害主要有以下六类:

(1)渗漏和溶蚀。在调查的 32 座大坝中,均有不同程度的渗漏病害。同时,渗漏还导致了溶蚀破坏及其他病害。

(2)裂缝。在调查的 32 座大坝中,均有裂缝问题,尤其是电站厂房钢筋混凝土结构中的裂缝问题,有的已危及安全生产。

（3）冲刷磨损和空蚀。在调查的 32 座大坝中,有 22 个工程中的混凝土泄流建筑物存在冲刷磨损和空蚀的破坏,占调查总数的 69%。

（4）冻融和冻胀。大型工程的冻融破坏问题主要集中在东北、西北和华北地区,在调查的 32 座大坝中,有 7 个工程出现冻融破坏,占调查总数的 22%,其中东北地区最为严重。

（5）混凝土碳化和钢筋锈蚀。空气中二氧化碳对混凝土的侵蚀会引起内部钢筋锈蚀,在调查的 32 座大坝中有 13 个工程出现混凝土碳化和钢筋锈蚀,占调查总数的 41%。

（6）水质侵蚀。在调查的 32 座大坝中,有 10 个工程存在水质侵蚀现象,占调查总数的 31%。

# 9.2 典型病害简况

东北电力行业水电站大坝,最早的修建于 1937 年,有丰满大坝和中朝两国共有的水丰大坝。20 世纪 50 年代,陆续建成桓仁、回龙山、太平哨、白山、红石以及中朝合建的云峰、渭原、太平湾大坝等,均为混凝土坝。90 年代开始修建面板堆石坝,有莲花、小山、松山和双沟大坝等。混凝土坝蓄水运行时间最长的是水丰和丰满大坝,至今已逾 80 年,红石和太平湾大坝蓄水也已超过 35 年。

在水工混凝土建筑物耐久性和老化病害调查的 32 座大坝中,有 4 座位于东北地区,其坝体基本参数和混凝土耐久性主要问题分别如表 9.1 和表 9.2 所示。

## 9.2.1 渗漏和溶蚀

水工混凝土的溶蚀及其导致的渗漏问题,在被调查的 32 座大坝中均有不同程度的存在,病害发生概率为 100%。尤其是一些程度较为严重的工程,已威胁到工程的安全运行。其中,位于东北地区的 4 座大坝溶蚀病害的调查结果如表 9.3 所示。

表 9.1　调查的东北地区水利水电工程基本参数

| 序号 | 工程名称 | 地区 | 河流 | 效益 | 库容（亿 m³） | 装机容量（万 kW） | 主要建筑物 | 坝型 | 最大坝高（m） | 坝顶长度（m） | 混凝土方量（万 m³） | 设计单位 | 施工单位 | 建设起止年份 | 总投资（万元） |
|---|---|---|---|---|---|---|---|---|---|---|---|---|---|---|---|
| 1 | 丰满水电站 | 吉林省吉林市 | 松花江 | 发电、防洪、灌溉等 | 107.8 | 55.73 | 大坝、厂房、泄洪洞 | 混凝土重力坝 | 91.0 | 1 080 | 210 | 伪满电器建设局 | 伪满电器建设局 | 1937—1959 | 27 900 |
| 2 | 云峰水电站 | 吉林省集安市 | 鸭绿江 | 发电为主 | 38.95 | 40 | 大坝、厂房、输水洞 | 宽缝重力坝 | 113.75 | 828 | 304.86 | 东北勘测设计研究院、朝鲜方 | 云峰工程局、朝鲜方 | 1959—1967 | 30 200 |
| 3 | 桓仁水电站 | 辽宁省本溪市桓仁满族自治县 | 浑江 | 发电为主 | 34.6 | 22.25 | 大头坝、厂房、泄洪道 | 单支墩大头坝 | 78.5 | 593.3 | 129.4 | 东北勘测设计研究院 | 水电一局 | 1958—1972 | 22 000 |
| 4 | 葠窝水库 | 辽宁省辽阳市辽阳县 | 太子河 | 防洪、灌溉 | 7.91 | 3.72 | 挡水坝、溢流坝、厂房 | 混凝土重力坝 | 50.3 | 532 | 51 | 辽宁省水利勘测设计研究院 | 葠窝水库总指挥部 | 1970—1972 | 9 000 |

表 9.2 调查的东北地区水利水电工程混凝土耐久性主要问题

| 序号 | 工程名称 | 渗漏和溶蚀 | 裂缝部位及概况 | 冻融 | 冲磨和空蚀 | 混凝土碳化和钢筋锈蚀 | 环境水侵蚀 | 其他 |
|---|---|---|---|---|---|---|---|---|
| 1 | 丰满水电站 | 坝体 | 坝体 | 上、下游坝面尾水墩 | 溢流面 | — | 弱酸性、碳酸盐侵蚀 | 碱活性骨料、坝顶升高 |
| 2 | 云峰水电站 | 坝体 | 坝面,廊道。缝宽一般为 0.5~1 mm,数量为 100 条 | 溢流面 | — | 坝顶栏杆、立柱 | 弱酸性、溶出性侵蚀 | — |
| 3 | 桓仁水电站 | 坝体 | 大头坝头部、空腔、廊道。共计 2 000 多条裂缝,仅大头坝出现 699 条,缝宽 0.5 mm | 上、下游坝面尾水墩 | — | 大坝支墩 | — | — |
| 4 | 蓓窝水库 | 坝体 | 坝体、廊道、底孔、闸墩等。施工期发现 350 条,1973—1981 年逐年增加。最大缝宽 1~3 mm,深 17.65 m | 上游面、溢流面 | 底孔 | — | — | — |

表 9.3　东北地区水利工程渗漏和溶蚀病害简况

| 序号 | 工程名称 | 溶蚀与渗漏部位及概况 | 主要原因 | 备注 |
|---|---|---|---|---|
| 1 | 丰满水电站 | 1944—1949 年间坝体渗水严重,最大渗水量达到 273 L/s,廊道内和下游面各部位向外射流,大量 Ca(OH)$_2$ 溶出。<br>经灌浆加固,渗水量降至 0.544 L/s,射流部位全部堵死;坝面及廊道内随处可见溶出物;1973—1985 年,坝基和坝体排水孔的总渗水量在每秒几百毫升至几升之间变化 | 混凝土质量差,裂缝,止水结构失效 | 国内坝体渗漏水最多的工程 |
| 2 | 云峰水电站 | 正常蓄水位时总渗水量 16.7 L/s,1974 年调查有 70 多处渗水,其中 3、6、16、17、25、26 及 53 号坝段病害较为严重,渗漏水从水平缝、温度缝等处渗出。廊道中出现 Ca(OH)$_2$ 结晶层 | 混凝土质量差,裂缝,止水结构失效 | 宽缝渗水大如中雨(26 号坝段) |
| 3 | 桓仁水电站 | 水头仅 30 m 时即发现有 103 处渗漏水,其中射水 6 处,渗漏水 92 处,潮湿 5 处。22～23 号坝段空腔处有 Ca(OH)$_2$ 溶出。<br>上游采用无胎油毡作防渗层后漏水情况明显好转,1960—1974 年进行 19 次渗漏水调查认为:防漏层处漏水明显减少;超过 289.5 m 高程时渗水明显增加;横峰渗水增加;冬季渗水较多;仍有新的渗水部位出现 | 混凝土密实性差,裂缝 | — |
| 4 | 蓑窝水库 | 下游面闸墩裂缝处渗水严重,廊道内裂缝大都渗水,1972 年 88.7 m 高程水位时渗水量为 0.67 L/s,有白色或浅黄色物质溶出 | 混凝土质量差,裂缝,止水结构失效 | — |

## 9.2.2　裂缝

裂缝对水工混凝土建筑物的危害程度不一,严重的裂缝不仅危害建筑物的整体性和稳定性,而且会产生大量的渗水、漏水、射水,甚至危及建筑物的安全运行。另外,裂缝往往会导致其他病害的发生,如渗漏溶蚀、环境水侵蚀、冻融破坏的扩展及钢筋混凝土碳化程度的加深等,这些病害与裂缝的发展互相耦合作用,对水工混凝土建筑物的耐久性有极大的危害,从而影响水利设施的经济效益和社会效益,对建设资源节约型社会起着较大的制约作用。

被调查的大坝、水闸、厂房、渡槽等 70 余座水利设施工程不同程度地存在着裂缝问题,而且部分工程的裂缝程度较为严重,对水电站的安全生产和运行构成了潜在的威胁。其中,位于东北地区的 3 座大坝裂缝的调查结果如表 9.4 所示。

表 9.4 东北地区水利工程裂缝简况

| 序号 | 工程名称 | 裂缝部位 | 裂缝概况 | 裂缝条数 |
|---|---|---|---|---|
| 1 | 云峰水电站 | 坝面、廊道 | 缝宽一般为 0.5～1 mm,数量为 100 条 | 100 |
| 2 | 桓仁水电站 | 大头坝头部、空腔、廊道 | 共计 2 000 多条裂缝,仅大头坝出现 699 条,缝宽 0.5 mm | 2 000 多 |
| 3 | 葠窝水库 | 坝体、廊道、底孔、闸墩 | 施工期发现 350 条,1973—1981 年逐年增加,最大缝宽 1～3 mm,深 17.65 m | 641 |

渗漏水在压力作用下使坝体产生渗透压力。丰满大坝在下游坝面补强加固后,因抬高了坝体浸润线才开始监测渗透压力。对于单支墩大头坝,上游面垂直裂缝渗漏水进入后,在缝端产生拉应力。当拉应力大到一定值后,将使裂缝扩展甚至造成结构破坏。比较典型的是单支墩大坝的劈头裂缝。当缝深度增大时,裂缝不仅沿对称中心线向下劈裂,并有可能向悬臂根部呈曲线劈裂,影响大坝侧向稳定性,威胁大坝安全。

考虑坝体渗透压力后,大坝稳定和应力复核结果表明,一般大坝均可满足规范要求。当坝体存在较深的水平裂缝(或水平施工缝开裂),在高水位低气温时,渗透压力对大坝应力、稳定性影响很大。

## 9.2.3 冻融和冻胀

混凝土冻融破坏是指水工建筑物在浸水饱和或潮湿的状态下,由于温度的正负交替变化,使混凝土内部孔隙水形成冻结膨胀压、渗透压及孔隙液中盐类的结晶压等,产生疲劳应力,造成混凝土由表及里逐渐剥蚀,产生破坏的一种病害。混凝土冻融和冻胀破坏有两个必要条件:一是混凝土内部有一定的含水量或混凝土接触水,二是其所处环境存在反复交替的正负温度。

坝体渗漏将抬高浸润线,这不仅会增加渗透压力,在寒冷地区还会导致混凝土冻融和冻胀破坏。冻融破坏是混凝土由表及里的剥蚀破坏,从而降低了混凝土的强度。混凝土深层冻胀会使混凝土的组成物分离或将裂缝撑开,形成冻胀鼓包、破裂以至大块混凝土破损脱开。大坝冻胀破坏有如下三种形式:一是溢流面的深层混凝土冻胀破坏,二是坝顶混凝土冻胀上抬,三是水平施工缝冻胀裂开。

在被调查的水工建筑物中,有 22% 的大坝存在不同程度的冻融破坏现象,主要集中在东北、华北和西北地区,其中位于东北地区的 4 座大坝全部发现冻融病害。

## 9.2.4　冲刷磨损和空蚀

冲刷磨损和空蚀,是溢流坝、泄水洞、泄水闸等水工泄洪建筑物常见病害。尤其是高速水流携带悬浮质或推移质时,建筑物本身遭受冲刷磨损和空蚀的破坏更为严重。调查中近 70% 的工程存在此类病害,尤其是位于黄河干流的大型水电站和西南地区的水工建筑物。其中,位于东北地区的 2 座大坝的冲刷磨损和空蚀破坏的调查结果如表 9.5 所示。

表 9.5　东北地区水利工程冲刷磨损与空蚀破坏简况

| 序号 | 工程名称 | 多年平均含沙量($kg/m^3$) | 冲刷磨损与空蚀破坏情况 | 修护情况 |
|---|---|---|---|---|
| 1 | 丰满水电站 | 0.35 | 溢流面及护坦遭受严重冲刷磨损和空蚀破坏,1986 年汛期,13 号坝段 2 000 $m^3$ 混凝土被冲毁 | 1951—1953 年进行改建,仍有破坏,每次过水前进行修补 |
| 2 | 蓑窝水库 | 1.28 | 泄水洞门槽后空蚀破坏 | 计划全面加固 |

## 9.2.5　混凝土碳化和钢筋锈蚀

在大型水利水电工程中,钢筋的锈蚀破坏问题主要发生在厂房结构、开关站、坝顶的启闭机大梁、门机轨道大梁、公路桥大梁等钢筋混凝土结构部位。此次调查的大型水电站中,出现钢筋锈蚀病害的占 41%。

## 9.2.6　水量损失

为保证坝体混凝土的抗渗性,规范规定了坝体各部位的抗渗等级。如对于重力坝,坝体内部混凝土抗渗等级为 W2,其他部位混凝土按水力坡降考虑分成 W4~W10。大坝蓄水运行后,判断坝体混凝土抗渗性的常用方法是监测渗流量,但目前尚无监控指标,本书用渗漏量占大坝所在河流的多年平均流量百分比来判断水量损失。东北地区几座混凝土坝的坝体渗漏情况见表 9.6。

从表 9.6 中可以看出,各座大坝坝体渗漏量远小于坝址所在河流多年平均流量的 0.1%。对电站的经济效益影响比较有限。

表9.6 东北地区水利工程坝体渗流量简况

| 坝名 | 坝型 | 正常蓄水位(m) | 最大坝高(m) | 坝长(m) | 多年平均流量(m³/s) | 实测渗流量(m³/s) | | 渗流量占平均流量百分比(%) | |
|---|---|---|---|---|---|---|---|---|---|
| | | | | | | 坝体 | 坝基 | 坝体 | 坝体＋坝基 |
| 白山 | 重力拱坝 | 413.0 | 149.5 | 676.5 | 239.0 | 14.8~78.2 | | | 0.000 10~0.000 54 |
| 红石 | 重力坝 | 290.0 | 46.0 | 438.0 | 258.0 | 34 | | | 0.000 22 |
| 丰满 | 重力坝 | 263.5 | 91.7 | 1 080.0 | 438.0 | 30 | 8~9 | 0.000 11 | 0.000 15 |
| 云峰 | 宽缝重力坝 | 318.75 | 113.75 | 828.0 | 228.0 | 37.4 | 62.6 | 0.000 27 | 0.000 73 |
| 水丰 | 重力坝 | 123.3 | 106.4 | 899.5 | — | 165.0~518.4 | | 0.000 35~0.001 09 | |
| 太平湾 | 重力坝 | 29.5 | 31.5 | 1185.0 | 800.0 | 21.5 | 13.5 | 0.000 03 | 0.000 05 |
| 桓仁 | 单支墩大头坝 | 300.0 | 78.5 | 593.3 | 142.8 | 有滴水,流白 | | — | |
| 回龙山 | 重力坝 | 221.0 | 35.0 | 567.3 | 179.3 | 0.12~958.6 | | 0.008 9 | |
| 太平哨 | 重力坝 | 191.5 | 44.2 | 555.6 | 187.0 | 64.7~201.7 | | 0.000 58~0.001 80 | |

## 9.3　东北地区典型病害工程实例

### 9.3.1　渗漏和溶蚀工程实例

#### （1）丰满水电站

丰满大坝位于吉林省吉林市境内松花江上的丰满峡谷谷口，是被誉为"中国水电之母"的中国第一座大型水电站——丰满水电站的大坝。丰满大坝始建于 1937 年，当时乃亚洲第一高坝。1942 年大坝蓄水，1943 年 3 月 25 日首台机组投产发电。

丰满大坝运行初期坝体渗漏比较严重，在廊道内的裂缝、排水孔出口和排水沟内到处可看到大量白色或黄色的溶蚀产物，4 号坝段检查廊道内的四周几乎全被溶蚀产物覆盖。在下游面可见到多处漏水点，高程 235 m 以上较多。坝面开挖后发现，混凝土接缝、裂缝、横缝及劣质混凝土处有的漏水，有的甚至射水，经多次灌浆和补强加固才使渗漏量降低。由于大坝渗漏现象较为严重，自中华人民共和国成立以来进行了多次灌浆加固处理，1950—1978 年灌浆总钻孔数达 2 996 次，钻孔总长度计 48 434 m，水泥总用量达 3 297 t。

自 1974 年以来逐年对坝体中溶出物的成分进行分析，发现坝体和帷幕渗漏出的水中含有大量的钙离子。根据坝体渗漏水和库水取样水质化验及普查情况，推算出的坝体年溶蚀量见表 9.7。由表 9.7 可知，坝体混凝土由于渗漏水作用而被不断溶蚀，但溶蚀速度缓慢，并因渗漏量减少而减弱。

**表 9.7　丰满大坝坝体年溶蚀量(kg/a)**

| 年份 | 溶蚀量 | |
| --- | --- | --- |
| | 总离子溶蚀量 | 钙离子溶蚀量 |
| 1974 年 | 5 116.6 | —— |
| 1975 年 | 18 900.5 | —— |
| 1976 年 | 4 717.7 | —— |
| 1977 年 | 10 193.4 | —— |
| 1978 年 | 1 235.7 | —— |

| 年份 | 溶蚀量 | |
|---|---|---|
| | 总离子溶蚀量 | 钙离子溶蚀量 |
| 1979 年 | 8 778.0 | — |
| 1980 年 | 13 957.6 | — |
| 1981 年 | 9 135.4 | 2 859.0 |
| 1983—1985 年 | 9 840.4 | 3 179.5 |
| 1986 年 | 11 668.6 | 3 515.8 |
| 1989 年 | 8 984.4 | 2 130.1 |
| 1991 年 | 11 063.5 | 3 323.9 |
| 1993 年 | 1 649.8 | 522.4 |
| 1995 年 | 2 590.5 | 419.0 |

多年的灌浆加固,坝体渗漏量也在逐年降低。截至 2004 年,坝体渗漏量已降至 0.54 L/s,下游面的渗水面积也减少到 1 500 m²,大坝的渗漏得到了一定程度的控制。但是多年的渗漏导致坝体混凝土中的含钙水化产物大量溶解或流失,内部和外部的溶蚀破坏留下了较大的安全隐患。

(2)云峰水电站

云峰水电站的渗漏溶蚀病害较为严重。1965 年 5 月大坝蓄水至正常蓄水位时,总漏水量达 16.7 L/s。据 1974 年不完全调查,坝体有 70 多处渗水漏水,较严重的有 3、6、16、17、25、26 和 53 号坝段,漏水部位有水平缝、温度缝等。例如 26 号坝段宽缝中部,局部从顶上漏水,如降中雨。不少坝段有渗水痕迹,坝内部分廊道排水孔渗水量很大,形成射流,达 1.67 L/s。另外,据水电厂的水质分析结果,在 207 个库水水样中,暂时硬度小于 0.7 mg/L 的有27 个,占总水样数的 13%,说明库水硬度较低。同时库水的 pH 值为 6～7,而经坝体渗漏出的水样,其 pH 值达到 11 左右,说明渗漏水已对坝体混凝土产生了明显的溶蚀作用。在调查中可以看到,廊道中有大片白色溶出物和溶出层。

## 9.3.2　裂缝工程实例

桓仁水电站在施工期间就出现许多裂缝,1961—1967 年先后做了 5 次检查,大小裂缝有 2 000 多条,其中仅大头坝的裂缝就有 699 条。垂直裂缝 53 条,其中长度穿过两个浇筑块、在 10 m 以上的有 14 条,长 20～40 m、缝宽大于 0.5 mm 的有 24 条。

大头坝表面的裂缝,尤其是垂直的劈头缝,对大坝的整体性、抗渗挡水能力均会带来较大的危害,因此在施工中就做了加固处理。从大坝基础至 288.5 m 高程范围内,在上游面做了沥青无胎油毡防渗层,外浇 60 cm 厚的混凝土防渗板;对 1965 年以后浇筑的混凝土,在出现裂缝的部位均用环氧贴橡皮方法处理,又在大头坝背后采用了辅助加固措施。以上处理取得了较好的效果,但裂缝仍有渗水的情况,需进一步处理。

### 9.3.3　冻融和冻胀工程实例

东北几座混凝土大坝由于工作条件、坝体质量和渗漏等情况不同,其冻融和冻胀破坏程度也不相同,比较有代表性的是丰满和云峰大坝。

（1）丰满水电站

位于吉林省松花江上的丰满水电站于 1937 年开始兴建,1942 年蓄水。大坝坝区气候寒冷,一般 10 月中下旬即开始结冰,翌年 4 月才逐渐化冻,结冰期长达五个半月。坝区多年平均气温 5.4 ℃,多年最低月平均气温－19.7 ℃,最低日平均气温－30.7℃,瞬时最低气温－40.5 ℃,一年内气温通过 0 ℃的正负交替次数为 80 余次。自然条件对混凝土的抗老化运行极其不利。

丰满大坝以三条纵贯裂缝分为 A、B、C、D 四个坝段,在 1944—1949 年,冬季水位经常在 245～248 m 高程之间变化,上游 A 坝块有严重蜂窝、狗洞的混凝土被冻融成砂石堆积体,可用手掰掉。由于坝体漏水严重,下游面大面积疏松,个别部位疏松深度达到 2 m。上游面 245 m 高程以上许多部位出现露石露筋,冻融破坏严重。据 1950 年检测结果(仅运行 5～7 a),这样的破坏面积已有 460 m² 。245 m 高程以下混凝土冬季出露水面机会少,破坏轻微。下游面冻融破坏比较普遍,1953 年就修补了 3 211 m² 。电厂曾分别于 1956 年、1961 年、1962 年、1963 年、1965 年、1967 年进行多次检测,结果表明,混凝土冻融破坏面积逐年发展,破坏范围逐渐扩大,许多坝段的下游面、上游面冻融破坏区域连片,出现露砂、露石或者露筋的现象,表层的卵石可以用手掰掉,破坏深度一般为 20～40 cm,个别部位达 60～80 cm,也有深 1～2 m 左右的疏松坑,估测下游坝面这样的破坏面积约占 50%左右。为此,丰满电厂也多次进行检修,据不完全统计,1951—1974 年总计修补上游面 8 959 m²,下游面 8 097 m²,另外,溢流面和护坦各浇筑 7 703 m³ 和 22 382 m³ 的混凝土,1974 年以后小修从未间断。1985 年的调查发现,大坝未经检修过的上、下游面部位也已出现相当严重的冻融破坏,几乎在每个重力坝段下游面都存在,破坏深度和露砂露石情况与修补过的部位相同。2000 年以来,在坝体顶面以下较深部位,发现较多的裂缝和破碎带,被水浸泡,冬季冻结膨胀,致使坝的垂直变位逐年上升,出现了坝顶抬高现象,对大坝有极大威胁。

除此之外,丰满大坝尾水部位冻融也很严重。尾水闸门平台运行 5 a 后已普遍掉皮露筋,矩形断面的平台下游梁棱角冻掉 20 cm,变成椭圆形,30 余年只修过一次。尾水部位附近的厂房水泵室,其下游墙面承受尾水涨落的冻融作用,由于反复遭受荷载、温度变形、冻融等影响,造成裂缝漏水甚至结冻。经多次修补,在墙内外加钢筋混凝土,仍未解决问题。尾水挡土墙、闸墩、桥墩等也都存在混凝土冻融破坏。

丰满大坝混凝土的冻融破坏与混凝土的质量密切相关,大坝 89％的混凝土质量异常低劣。浇筑混凝土所使用的水泥,1943 年以前为吉林哈达湾水泥厂(原大同洋灰公司,现松江水泥厂)出产的 300～500 号普通水泥和本溪水泥厂生产的 300～500 号普通水泥,大多为 400 号,标号很不稳定;1949—1952 年则用小屯普通 400 号、本溪普通 400 号、哈尔滨普通 400 号等水泥品种,牌号较杂,水泥的含碱量偏大,在 0.95％～1.57％范围内变化。骨料主要采用中岛、大长屯、大屯三料场的天然砂砾石,砾石中含有较多的流纹岩、安山岩、凝灰岩、闪长玢岩等活性颗粒。

施工期间采用的几个混凝土配合比见表 9.8。从表中可以看出,混凝土单位用水量大、水胶比大、抗压强度低,28 d 龄期强度多数不超过 10.0 MPa。

表 9.8　丰满大坝施工期间配合比及抗压强度

| 施工年份 | 水胶比 | 水泥用量 (kg/m³) | 用水量 (kg/m³) | 配合比 | 取样数 | 抗压强度(MPa) | |
|---|---|---|---|---|---|---|---|
| | | | | | | 28 d | 90 d |
| 1941 | — | 250 | — | 1∶3.1∶4.0 | — | 8.3 | — |
| 1942 | — | 230 | — | 1∶1.6∶5.6 | — | 7.7 | — |
| 1943 | 0.762 | 269 | 205 | 1∶2.3∶5.3 | — | 8.7 | 13.3 |
| 1948 | 0.765 | 279 | 209 | — | 22 | 7.2 | 9.5 |

| 施工年份 | 水胶比 | 水泥用量（kg/m³） | 用水量（kg/m³） | 配合比 | 取样数 | 抗压强度（MPa） | |
|---|---|---|---|---|---|---|---|
| | | | | | | 28 d | 90 d |
| 1949 | 0.689 | 280 | 191 | — | 229 | 13.7 | 13.7 |

1963 年、1964 年曾采用去掉表面风化层,凿取试件的办法进行坝体混凝土强度检验,其结果列于表 9.9。凿件试样的抗压强度很低,证实了坝体混凝土质量确实很差。

表 9.9　丰满大坝混凝土凿件抗压强度

| 检测年份 | 检测部位 | 检测深度（m） | 试件数 | 抗压强度（MPa） | | |
|---|---|---|---|---|---|---|
| | | | | 最高 | 最低 | 平均 |
| 1963 | 下游面 | 0.3～1.2 | 19 | 12.6 | 7.0 | 10.0 |
| 1964 | 上游面 | 0.3～0.9 | 6 | 14.0 | 6.3 | 9.8 |

电厂曾采用预压粗骨料混凝土、压浆混凝土、真空作业混凝土等对新出现破坏部位进行了大量的修补工作,基本维护了大坝的正常运行,但是冻融破坏区域仍不断出现。

（2）云峰水电站

云峰大坝位于吉林省鸭绿江中游,地处高寒山区,多年平均气温 6.3 ℃,最高月平均气温 25.3 ℃,最低月平均气温 −18.4 ℃,瞬时最低气温 −32.6 ℃,一年内通过 0 ℃的正负交替次数为 74 次左右。

云峰大坝施工期混凝土受冻比较严重,7 个冬季（旬平均气温 −16.1～ −7.2 ℃）浇筑的混凝土约为 $7 \times 10^5$ m³,约占大坝总混凝土量的 1/4。共有 202 个浇筑块受冻,其中分布在上游一侧第 Ⅰ 分块的有 109 块。模拟试验表明,混凝土受冻后其抗压强度最大降低 45%,对抗渗影响更大,严重受冻的混凝土结合面单位吸水率 $\omega$ 为不受冻混凝土的 20 倍。现场试验和超声波检测也表明,抗渗标号达不到设计 S8 的要求,抗渗性能降低较多。

28～48 号坝段为溢流坝段,共 21 孔,堰顶高程 306.25 m。溢流面表面 1～4 m 厚度范围内,混凝土设计标号为 R200 号 S4D150。经过溢流或未曾溢流的坝面,均出现混凝土层状剥蚀、脱落和局部钢筋裸露等破坏现象,破坏面积 11 000 m²,占溢流面的 33.6%。

对 22 332 m² 的下游坝面进行调查,发现 13 640 m² 出现剥蚀、脱落、掉块等破损现象,破损率为 61.08%,占挡水坝段下游面积的 27.2%。破损深度最深达 28 cm,最浅为 5 cm。下游面破损成片,混凝土预制模板缝处草树丛生。试验表明,深度在 20~30 cm 强度标号平均为 R156 号,约有 95% 低于设计标号 R200 号。

对 24 633 m² (高程 292.00~321.75 m) 的上游坝面进行调查,破坏面积为 1 257 m²,破损率为 5.1%,剥蚀深度为 1.0~25.0 cm。水下视频检测 5~56 号坝段 (高程 281.75~290.75 m),检测面积 13 500 m²,占水下总面积 67.8%。检查发现坝面预制模板表层剥蚀破损严重,深度一般在 5 cm 左右,少量达 10 cm,剥蚀破损面积为 439.8 m²,占检测面积的 5.9%。

云峰大坝下游面混凝土设计抗冻、抗渗指标为 F150、W4,是比较低的,实际还未达到。使用的水泥为朝鲜 2.8 马钢厂 200 号普通水泥 (软练编号,约相当于我国原硬练的 380~400 kg/cm²),标号不够稳定,抽样检查试验有时高达 300 kg/cm²,有时低至 143 kg/cm²。骨料为天然砂砾石,细度模数为 2.09,混凝土中未掺加外加剂。根据施工资料记载,大坝混凝土存在的问题如下:

① 水泥标号不稳定,砂偏细,5~40 mm 的砾石不分级,骨料超径较大。

② 水胶比不稳定,引起坍落度波动较大。施工中要求控制坍落度冬季为 2~4 cm,夏季为 4~6 cm,实际浇筑的混凝土稠度不均匀。夏季施工无防雨措施,冒小雨施工,水泥浆被雨水带走或出现积水坑,雨后不加处理,继续浇筑。

③ 振捣不密实、漏振或不振情况严重。

④ 溢流面有 22.3% 的面积采用真空作业法施工,但未达到要求的真空度。

⑤ 冬季施工无保温加热措施,使混凝土早期受冻,破坏了混凝土结构的完整性。

综上,云峰大坝混凝土的质量较差,因此坝面大面积遭受冻融剥蚀。

### 9.3.4 冲刷磨损和空蚀工程实例

丰满水电站大坝 1945 年浇筑到溢流坝坝顶高程,未装闸门自然过流,经多次过水,溢流面发生破坏。根据 1950 年检查结果,245.5 m 高程以下至反弧段起点之间,破坏深度达 0.4~2.0 m 的有 35 处。反弧段末端破坏最严重深度达到 3~4 m,护坦末端破坏深入基岩,危及工程安全。

1951—1953 年,采用真空作业混凝土对溢流坝面进行了改建。混凝土 28 d 强度为 20.0~25.0 MPa,质量较好。1953 年汛期泄水,单宽流量为 28~57 m³/s,各孔溢流时间为 70~230 h。汛期后检查高程 194.5 m 以上(水上)部分,空蚀破坏面积大于 1 m² 的有 23 处,深度为 0.1~0.5 m,小块空蚀则更多。1954 年单宽流量 52~62 m³/s,溢流时间 164~1 076 h,195 m 高程以上破坏面积大于 1 m² 的有 28 处,比 1953 年增加了 5 处。原 1953 年破坏之处,其破坏面积大部分有扩展,但深度仍在 0.1~0.5 m 之间。抽水检查水下部分,有 7 处较大的空蚀破坏,面相较大的坑有 3 个,面积分别为 24 m²、26 m²、35 m²,深度分别为 0.8 m、0.6 m、1.2 m,部位均接近反弧段末端。

该坝自建成至 1981 年共放水 11 次,每次都出现不同程度的破坏,先后于 1954 年、1957 年、1966 年、1972 年和 1981 年进行了 5 次修补,修补面积 560 m²,修补方量 170 m³。值得注意的是,1986 年汛期溢流时整个 13 号坝段溢流面反弧段以上出现了大面积混凝土被冲毁事故,最大冲毁深度达 1 m 以上,冲走混凝土 2 000 m³。修复时得知,真空作业处理过的溢流面混凝土以下,由于上游水的渗漏溶蚀作用,内部混凝土已被冻酥,与外部混凝土失去黏结作用而被水冲走。由此可见,渗透溶蚀不仅是单一作用于水工建筑物上的病害,如果和其他病害相互作用,还可以诱发极具破坏性的险情,危及工程安全。

# 9.4　东北地区典型病害原因分析

## 9.4.1　渗漏和溶蚀原因分析

所谓溶蚀,即渗漏水对混凝土产生溶出性侵蚀。混凝土中形成胶结作用的,主要是水化硅酸钙、水化铝酸钙、水化铁铝酸钙以及氢氧化钙,而足够的氢氧化钙又是其他水化产物维持其结晶和稳定状态的保证。在这些水化产物中,氢氧化钙在水中的溶解度较高,因此在正常情况下混凝土的毛细孔中均存在饱和的氢氧化钙溶液。大坝混凝土如果有渗漏情况产生,其中的氢氧化钙就会随渗漏水源源不断地分解或者溶出,在混凝土外部形成结晶,破坏其他水化产物稳定存在的平衡条件,从而引起水化产物的分解,造成混凝土碱性的削弱。

当环境水本身对混凝土有侵蚀作用时,由于溶蚀作用促使了环境水侵蚀向混凝土内部的发展,从而加速了破坏的深度和广度;在寒冷地区,溶蚀作用会使混凝土的含水量增大,对混凝土的抗冻性产生不利影响;对水工钢筋混凝土结构物,溶蚀作用还会加速钢筋的锈蚀等。而且这些病害会与溶蚀作用形成链式反应,互相促进,从而使水工混凝土建筑物的耐久性受到严重的影响。

从上述各类水工混凝土建筑物渗透溶蚀的情况,归纳其产生的原因如下:

(1)裂缝尤其是贯穿性裂缝,是产生渗漏的主要原因,而漏水程度又与裂缝的性状(宽度、深度、分布)、温度、干湿循环等有关。冬季温度低,裂缝宽度大,在同样水位下渗漏量就大。

(2)混凝土施工质量差、密实程度低,甚至出现蜂窝、狗洞,从而引起在混凝土中的渗漏。

(3)止水结构失效,例如沥青止水井混入了水泥浆、止水片材料性能不好、施工工艺条件控制不当等。

(4)基础帷幕破坏,例如帷幕灌浆施工过程中达不到设计要求,运行中帷幕受环境水的侵蚀而破坏,基础处理不当、基岩出现不均匀沉降从而使帷幕失效等。

## 9.4.2 裂缝原因分析

1985 年组织的调查,涉及工程较多,建筑物的类型、作用、所处的自然环境,以及施工条件、使用的原材料存在很大的差异,而混凝土本身产生裂缝的原因又是多方面的,在此仅就主要原因简单分析如下:

(1)在水工混凝土建筑物,尤其是尺寸较大的结构物中,裂缝的产生往往与温度应力过大有关。一些中小型水利工程在设计过程中未考虑温度应力,没有采取必要的结构措施,致使结构物在施工过程中出现裂缝。大部分混凝土大坝在设计上虽然提出了温控指标,但施工过程中没有很好地控制,如入仓温度过高、浇筑块表面保温不够、间歇时间过长、并缝过早等都会使坝体混凝土产生裂缝。

(2)由于设计或施工不良,混凝土强度较低或者均匀性较差,从而导致抗裂性较差。

(3)基础处理不当。一些水工建筑物施工前期工作不够,甚至是边勘察边施工,坝基勘察不明,尤其是遇到软弱破碎夹层等复杂情形时不能较好地处理。大坝浇筑以后,产生不均匀沉降,造成坝体裂缝。

### 9.4.3 冻融和冻胀原因分析

只有充分了解引起混凝土冻融破坏的原因,才能正确地选择混凝土的抗冻措施和抗冻性指标。总结以往的试验结果,并结合调查的资料分析,将引起混凝土冻融破坏的主要原因初步归纳如下:

(1)水、负温和冻融循环是混凝土冻融破坏的首要条件。在负温条件下混凝土内部孔隙水结晶,在正温条件下孔隙水融化,一冻一融,反复循环造成疲劳应力,使混凝土遭受破坏。形成冻融的条件有两种:一种是气温的正负变化,特别是太阳辐射使混凝土表面产生温度正负交替;另一种是冬季水位涨落,导致混凝土表面出现冻融。反复冻融循环的次数越多、越频繁,混凝土恢复能力的缓冲时间越短,则混凝土的冻融破坏越严重。另外,温度越低,混凝土的冻结深度越大,冻融破坏越严重。将冻融循环次数和负温二者进行比较,影响较大的是前者。

(2)混凝土干湿状态。水结冰后可产生 11% 的体积膨胀,使混凝土内部孔隙遭受很大的破坏。所以混凝土的干湿程度与饱水状态对其冻融破坏的影响很大。干燥的、水源补给不充分、受水浸润机会少、不易与水环境接触部位的混凝土,受冻害很少,没有发现或者仅有轻微的冻融破坏。而那些潮湿的、水源补给充分的水位变化区、漏水部位的混凝土受冻害较多,冻融破坏严重。

(3)施工质量差。施工质量对混凝土抗冻性起着决定性的影响,许多在室内试验具有一定抗冻能力的混凝土,现场施工却常常满足不了要求,合格率降低,施工质量越差,问题越严重。产生冻融破坏的工程,施工中经常出现的问题有:水泥品种牌号混杂、砂石骨料含泥量超标、水胶比控制不严格、混凝土浇捣不密实、冬季施工的保温措施得不到保证、不掺加引气剂等。

### 9.4.4 冲刷磨损和空蚀原因分析

造成空蚀破坏的原因涉及面较广,有设计、施工、材料和运行管理等几个方面。有的因素如坝面平整度、混凝土局部强度等,目前还难以讨论清楚,现做如下总结:

（1）空蚀破坏。空蚀产生的原因，首先是建筑物流态不当，其次是过流面平整度不够，如丰满水电站真空作用混凝土溢流面，据 1963 年调查，65 个鼻坎上有 234 处模板接缝，只有 10 处较好，溢流面冲坑多数与此有关。

（2）水流介质。水流介质，尤其是其中夹杂悬浮质或者推移质时，会造成以磨损为主要表现形式的结构物破坏。

（3）混凝土质量差。混凝土质量包括两方面的内容：一是标号，二是均匀性。葠窝水库抗冲磨混凝土为 200 号，标号不高且均匀性差，资料显示其离散系数小于 0.2 的只有 71%，检测到的最低强度只有 5.2 MPa。

（4）结构原因。例如刘家峡溢洪道，发生初次过水底板掀翻的事故，据分析是高速水流引起脉动压力渗入底部所致。修复时采取横缝设止水、底板下加排水的措施，基本上解决了这一问题。

# 第 10 章　工程实例

## 10.1　工程概况

位于东北地区的敦化抽水蓄能电站,上水库位于海浪河源头洼地上,靠近西北岔河和海浪河的分水岭,下水库位于牡丹江一级支流珠尔多河源头之一的东北岔河上。工程区距敦化市公路里程 111 km,距吉林市公路里程 280 km,距延吉市公路里程 253 km,距长春市公路里程 410 km。电站对外有高速公路、国道、县道等公路相通[206]。

本工程为大(1)型一等工程,规划装机容量 1 400 MW,装机 4 台,单机容量 350 MW。电站建成后将主要供电吉林电网,担负系统调峰、填谷、调频、调相以及事故备用等任务。

本工程主要工程量包括:土石方明挖 948.83 万 $m^3$,石方洞挖 123.13 万 $m^3$,土石方填筑 530.44 万 $m^3$,混凝土(含喷混凝土)41.33 万 $m^3$。

工程所需混凝土粗、细骨料均采用下水库工程开挖花岗闪长岩加工。

## 10.2　原材料

### 10.2.1　水泥

选用抚顺水泥股份有限公司生产的"浑河牌"42.5 级中热硅酸盐水泥,按《中热硅酸盐水泥　低热硅酸盐水泥　低热矿渣硅酸盐水泥》(GB/T 200—2003)的要求进行检验。水泥的物理性能、胶砂强度以及化学成分检验结果见表 10.1、表 10.2 和表 10.3。

表 10.1 水泥物理性能检验结果

| 项 目 | 凝结时间 | | 压蒸安定性（%） | 比表面积（m²/kg） | 细度（80μm方孔筛筛余）（%） | 标准稠度用水量（%） | 密度（g/cm³） | 水化热（kJ/kg） | |
|---|---|---|---|---|---|---|---|---|---|
| | 初凝（min） | 终凝（h） | | | | | | 3 d | 7 d |
| 浑河 P. MH 42.5 | 248 | 5.0 | 0.2 | 348 | 1.2 | 24.6 | 3.11 | 239 | 287 |
| GB/T 200—2003P. MH 42.5 规定值 | ≥60 | ≤12 | ≤0.80 | ≥250 | — | — | — | ≤251 | ≥293 |

表 10.2 水泥胶砂强度检验结果

| 项目 | 抗折强度（MPa） | | | 抗压强度（MPa） | | |
|---|---|---|---|---|---|---|
| | 3 d | 7 d | 28 d | 3 d | 7 d | 28 d |
| 浑河 P. MH 42.5 | 5.0 | 6.5 | 9.1 | 19.3 | 29.1 | 51.3 |
| GB/T 200—2003 P. MH 42.5 规定值 | ≥3.0 | ≥4.5 | ≥6.5 | ≥12.0 | ≥22.0 | ≥42.5 |

表 10.3 水泥化学成分检验结果（%）

| 项 目 | $SiO_2$ | $Al_2O_3$ | $Fe_2O_3$ | $CaO$ | $MgO$ | $SO_3$ | 碱含量 | 烧失量 |
|---|---|---|---|---|---|---|---|---|
| 浑河 P. MH 42.5 | 20.21 | 5.08 | 4.35 | 63.03 | 4.37 | 2.21 | 0.53 | 1.02 |
| GB/T 200—2003 P. MH 42.5 规定值 | — | — | — | — | ≤5.0 | ≤3.5 | — | ≤3.0 |

由检验结果可以看出，本次送样的浑河 P. MH 42.5 水泥满足中热硅酸盐水泥的要求。

## 10.2.2　粉煤灰

采用白山电厂Ⅰ级粉煤灰，按《水工混凝土掺用粉煤灰技术规范》（DL/T 5055—2007）的要求对粉煤灰品质和化学成分进行检验，检验结果见表 10.4 和表 10.5。

由品质检验结果和化学成分检验结果可以看出，白山Ⅰ级粉煤灰属于合格的 F 类Ⅰ级粉煤灰。

表 10.4　粉煤灰品质检验结果

| 项目 | 密度（g/cm³） | 细度（45 μm 筛余）（%） | 比表面积（m²/kg） | 需水量比（%） | 烧失量（%） | 含水量（%） | SO₃（%） | 强度活性指数（%） |
|---|---|---|---|---|---|---|---|---|
| 白山Ⅰ级 | 2.12 | 9.7 | 318 | 94 | 1.6 | 0.1 | 0.8 | 80.6 |
| DL/T 5055—2007 F类Ⅰ级粉煤灰规定值 | — | ≤12.0 | — | ≤95 | ≤5.0 | ≤1.0 | ≤3.0 | ≥70.0 |

表 10.5　粉煤灰化学成分检验结果(%)

| 项目 | SiO₂ | Al₂O₃ | Fe₂O₃ | CaO | MgO | f-CaO | 碱含量 |
|---|---|---|---|---|---|---|---|
| 白山Ⅰ级 | 46.60 | 41.15 | 3.83 | 4.72 | 1.14 | 0.32 | 2.44 |
| DL/T 5055—2007 F类Ⅰ级粉煤灰规定值 | — | — | — | — | — | ≤1.0 | — |

## 10.3　混凝土配合比的主要设计参数

### 10.3.1　混凝土的设计要求

设计提出 3 个不同部位和级配的混凝土，其使用部位和设计指标见表 10.6。

表 10.6　混凝土使用部位及设计指标

| 序号 | 部位 | 设计指标 | 设计龄期强度保证率(%) | 级配 |
|---|---|---|---|---|
| 1 | 厂房二期混凝土 | C25W6F50 | 95 | Ⅱ |
| 2 | 水道隧洞衬砌混凝土 | C25W6F100 | 95 | Ⅱ |
| 3 | 水道坝工水位变动区混凝土 | C30W6F400 | 95 | Ⅱ |

### 10.3.2　混凝土的配制强度

混凝土强度等级应按照标准方法制作养护的边长为 150 mm 的立方体试

件,在 28 d 龄期用标准方法测得的具有 95% 保证率的立方体抗压强度来表示。

因此,计算的 28 d 配制强度要求如下:

$$f_{cu,0} = f_{cu,k} + t\sigma$$

式中:$f_{cu,0}$ 为混凝土的配制强度(MPa);$f_{cu,k}$ 为混凝土的强度等级标准值(MPa);$t$ 为概率度系数;$\sigma$ 为混凝土强度标准差(MPa)。

《水工混凝土施工规范》(DL/T 5144—2001)规定的强度保证率与概率度系数之间的关系见表 10.7,规定的强度标准差见表 10.8。

表 10.7　混凝土强度保证率与概率度系数之间的关系

| 强度保证率(%) | 80.0 | 82.9 | 85.0 | 90.0 | 93.3 | 95.0 | 97.7 | 99.9 |
|---|---|---|---|---|---|---|---|---|
| 概率度系数 | 0.84 | 0.95 | 1.04 | 1.28 | 1.50 | 1.65 | 2.0 | 3.0 |

表 10.8　混凝土强度标准差 $\sigma$ 值

| 混凝土强度标准值 | ≤C15 | C20～C25 | C30～C35 | C40～C45 | ≥C50 |
|---|---|---|---|---|---|
| 标准差(MPa) | 3.5 | 4.0 | 4.5 | 5.0 | 5.5 |

当混凝土的强度保证率为 95% 时,经计算得出的 28 d 立方体抗压配制强度见表 10.9。

表 10.9　混凝土的 28 d 立方体抗压配制强度

| 强度等级 | C25 | C30 |
|---|---|---|
| 立方体抗压配制强度(MPa) | 31.6 | 37.4 |

根据以上所述,汇总各类混凝土所对应的配制强度要求见表 10.10。

表 10.10　各类混凝土所对应的配制强度要求

| 编号 | 类别 | 强度等级 | 28 d 立方体抗压配制强度(MPa) |
|---|---|---|---|
| 1 | Ⅱ级配 C25W6F50 | C25 | 31.6 |
| 2 | Ⅱ级配 C25W6F100 | C25 | 31.6 |
| 3 | Ⅱ级配 C30W6F400 | C30 | 37.4 |

## 10.3.3　选择粉煤灰掺量

根据《水工混凝土掺用粉煤灰技术规范》(DL/T 5055—2007)中的有关规

定,粉煤灰最大掺量见表 10.11。

本次试验采用 42.5 级中热硅酸盐水泥和 Ⅰ 级粉煤灰,因此,混凝土的粉煤灰掺量最高可选择 35%。

**表 10.11 F 类粉煤灰最大掺量(%)**

| 混凝土种类 | | 硅酸盐水泥 | 普通硅酸盐水泥 | 矿渣硅酸盐水泥(P. S. A) |
|---|---|---|---|---|
| 重力坝碾压混凝土 | 内部 | 70 | 65 | 40 |
| | 外部 | 65 | 60 | 30 |
| 重力坝常态混凝土 | 内部 | 55 | 50 | 30 |
| | 外部 | 45 | 40 | 20 |
| 拱坝碾压混凝土 | | 65 | 60 | 30 |
| 拱坝常态混凝土 | | 40 | 35 | 20 |
| 结构混凝土 | | 35 | 30 | — |
| 面板混凝土 | | 35 | 30 | — |
| 抗磨蚀混凝土 | | 25 | 20 | — |
| 预应力混凝土 | | 20 | 15 | — |

## 10.3.4 确定水胶比

混凝土的水胶比应以骨料在饱和面干状态下的混凝土单位用水量对单位胶凝材料用量的比值为准,单位胶凝材料用量为 1 m³ 混凝土中水泥与掺合料质量的总和。

水胶比必须同时满足混凝土强度和耐久性的要求。

(1)按强度要求选择水胶比。按指定的坍落度,用实际施工用的材料,拌制数种不同水胶比的混凝土拌合物,进行 28 d 抗压强度试验,根据试验结果,绘制 28 d 强度与水胶比关系图,按要求的配制强度计算水胶比。

(2)按耐久性要求规定的最大水胶比。《水工混凝土施工规范》(DL/T 5144—2001)规定的水胶比最大允许值见表 10.12。按强度要求得出的水胶比应与按耐久性要求得出的水胶比相比较,取其较小值作为配合比的设计依据。

根据设计院提供的资料,敦化抽水蓄能电站上水库地表水 $HCO_3^-$ 含量< 0.70 mmol/L,pH>6.5,下水库地表水 $HCO_3^-$ 含量<0.70 mmol/L,6.0<

pH<6.5,均对混凝土有分解类溶出型中等腐蚀。《水工混凝土施工规范》(DL/T 5144—2001)中规定"在有环境水侵蚀情况下,水位变化区外部及水下混凝土最大允许水胶比(或水胶比)应减小 0.05"。因此,水道隧洞衬砌混凝土和水道坝工水位变化区混凝土的控制水胶比需要减小 0.05。

综合各种因素,配合比设计中各种混凝土的控制水胶比见表 10.13。

**表 10.12   水胶比最大允许值**

| 部位 | 严寒地区 | 寒冷地区 | 温和地区 |
|---|---|---|---|
| 上、下游水位以上(坝体外部) | 0.50 | 0.55 | 0.60 |
| 上、下游水位变化区(坝体外部) | 0.45 | 0.50 | 0.55 |
| 上、下游水位以下(坝体外部) | 0.50 | 0.55 | 0.60 |
| 基础 | 0.50 | 0.55 | 0.60 |
| 内部 | 0.60 | 0.65 | 0.65 |
| 受水流冲刷部位 | 0.45 | 0.50 | 0.50 |

注:在有环境水侵蚀情况下,水位变化区外部及水下混凝土最大允许水胶比(或水胶比)应减小 0.05。

**表 10.13   配合比设计时的控制水胶比**

| 编号 | 部位 | 混凝土类别 | 控制水胶比 |
|---|---|---|---|
| 1 | 厂房二期混凝土 | Ⅱ级配 C25W6F50 | 0.55 |
| 2 | 水道隧洞衬砌混凝土 | Ⅱ级配 C25W6F100 | 0.45 |
| 3 | 水道坝工、水位变动区混凝土 | Ⅱ级配 C30W6F400 | 0.40 |

## 10.3.5   确定胶材用量

胶材用量应不低于按耐久性要求计算的最小水泥(胶材)用量,根据《水工混凝土施工规范》(DL/T 5144—2001)的有关规定,大体积内部混凝土胶凝材料用量不宜低于 140 kg/m³,水泥熟料用量不宜低于 70 kg/m³,泵送混凝土最小胶凝材料用量为 300 kg/m³。

## 10.3.6   选择用水量和最优砂率

对于常态混凝土,根据所用的砂石情况、确定的坍落度值和所用的减水剂品种,经试拌并结合各地区经验选择用水量。对于人工骨料,Ⅱ级配常态混凝土的用水量为 120～150 kg/m³,泵送混凝土用水量为 150～170 kg/m³,混凝土砂率为 35%～45%。

根据选定的水胶比、粉煤灰掺量和用水量计算相应的水泥用量和粉煤灰用量,选取数种不同的砂率,进行混凝土试拌,测定其坍落度,观察其和易性,其中坍落度较大、和易性较好的砂率最优砂率。

## 10.3.7　确定含气量

有抗冻要求的混凝土必须掺加引气剂,混凝土的含气量由抗冻要求而定。根据《普通混凝土配合比设计规程》(JGJ 55—2000)中对抗冻混凝土含气量的规定,F50 以上的混凝土属于抗冻混凝土,根据混凝土的抗冻等级和混凝土抗压强度等级,结合以往工程的实际经验,严格控制 40mm 筛湿筛后的混凝土含气量。

## 10.3.8　确定砂石用量

宜采用绝对体积法进行计算,即对于每立方米混凝土来说,水泥的体积＋粉煤灰的体积＋砂石的体积＋水的体积＋含气体积＝1 m³。每种材料的体积应为该材料的质量(kg)除以相应的密度(kg/m³)。混凝土配合比的确定应以试验结果为准。

## 10.3.9　确定配合比

按以上确定的配合比,经试拌调整得出经济合理的配合比,该配合比应满足以下条件:混凝土表观密度实测值和计算值之差的绝对值不超过计算值的 2%。

## 10.3.10　校核配合比

按确定的配合比制作试件,根据指定的要求,对混凝土强度、抗冻性、抗渗性等性能进行试验验证。

## 10.3.11　混凝土的主要设计参数

通过分析比较,结合有关工程经验,提出的混凝土配合比的主要设计参数见表 10.14。

表 10.14　混凝土的主要设计参数

| 编号 | 强度等级 | 级配 | 坍落度（mm） | 最大允许水胶比 | 含气量（%） | 胶材用量（kg/m³） | 用水量（kg/m³） | 砂率（%） |
|---|---|---|---|---|---|---|---|---|
| 1 | C25 | Ⅱ | 40～60 | 0.55 | 3～4 | C＋F≥140 | 120～150 | 34～40 |
| 2 | C25 | Ⅱ | 100～140 | 0.45 | 4～5 | C＋F≥300 | 150～170 | 35～45 |
| 3 | C30 | Ⅱ | 40～60 | 0.40 | 5～6 | C＋F≥140 | 120～150 | 34～40 |

# 10.4　厂房二期混凝土配合比试验

厂房二期混凝土的主要指标见表 10.15。

表 10.15　混凝土使用部位及主要指标

| 部位 | 材料等级 | 设计龄期强度保证率% | 级配 |
|---|---|---|---|
| 厂房二期混凝土 | C25W6F50 | 95 | Ⅱ |

## 10.4.1　拌合物基本参数试验

首先进行了引气剂掺量试验，根据厂房二期混凝土的抗冻要求，拟控制含气量在 3.0%～4.0% 之间，室内试验控制坍落度在 50～70 mm 之间。如表 10.16 所示，当采用水胶比为 0.42、粉煤灰掺量为 15% 的配合比，外加剂选用 JM-Ⅱ 高效减水剂和 JM-GYQ 引气剂时，对比 3 种引气剂掺量，找出能使含气量满足要求的掺量。由试验结果可以看出，当引气剂掺量为 0.005%～0.015% 时，混凝土含气量为 3.5%～4.0% 之间。

表 10.16　引气剂掺量试验结果

| 编号 | 水胶比 | 水（kg/m³） | 水泥（kg/m³） | 粉煤灰（kg/m³） | 砂率（%） | JM-Ⅱ（%） | JM-GYQ（%） | 密度（kg/m³） | 坍落度（mm） | 含气量（%） | $R_7$（MPa） | $R_{28}$（MPa） |
|---|---|---|---|---|---|---|---|---|---|---|---|---|
| CFA1 | 0.42 | 150 | 303 | 54 | 38 | 1.00 | 0.000 | 2 330 | 58 | 2.1 | 22.1 | 39.5 |
| CFA2 | 0.42 | 150 | 303 | 54 | 38 | 1.00 | 0.005 | 2 300 | 59 | 3.5 | 21.3 | 38.7 |
| CFA3 | 0.42 | 150 | 303 | 54 | 38 | 1.00 | 0.010 | 2 290 | 57 | 3.8 | 20.9 | 38.1 |
| CFA4 | 0.42 | 150 | 303 | 54 | 38 | 1.00 | 0.015 | 2 290 | 59 | 4.0 | 20.8 | 37.9 |

混凝土砂率优化试验采用水胶比为 0.42、粉煤灰掺量为 15％的配合比，JM - Ⅱ高效减水剂掺量为 1.0％，JM - GYQ 引气剂掺量为前述满足含气量 3.5％左右的掺量，对比 34％、36％、38％和 40％四种砂率，找出最优砂率（见表 10.17）。由试验结果可以看出，当砂率为 38％时混凝土和易性最好，此时粗骨料用量为 1 123 kg/m³。

**表 10.17　砂率优化试验结果**

| 编号 | 砂率（％） | 水胶比 | 水（kg/m³） | 水泥（kg/m³） | 粉煤灰（kg/m³） | 砂（kg/m³） | 石（kg/m³） | 密度（kg/m³） | 坍落度（mm） | 含气量（％） | 和易性 | $R_7$（MPa） | $R_{28}$（MPa） |
|---|---|---|---|---|---|---|---|---|---|---|---|---|---|
| CFS1 | 34 | 0.42 | 150 | 303 | 54 | 616 | 1 196 | 2 310 | 56 | 2.9 | 一般 | 21.9 | 39.1 |
| CFS2 | 36 | 0.42 | 150 | 303 | 54 | 652 | 1 159 | 2 310 | 55 | 3.2 | 一般 | 21.1 | 38.8 |
| CFS3 | 38 | 0.42 | 150 | 303 | 54 | 688 | 1 123 | 2 300 | 59 | 3.5 | 好 | 21.3 | 38.7 |
| CFS4 | 40 | 0.42 | 150 | 303 | 54 | 724 | 1 086 | 2 300 | 57 | 3.3 | 一般 | 21.4 | 39.0 |

## 10.4.2　配合比试验

分别考虑掺 15％和 25％粉煤灰，各种方案各考虑 0.40、0.42 和 0.44 三种水胶比，进行 7 d 和 28 d 抗压强度试验，找出不同配合比方案满足配制强度要求的水胶比（见表 10.18）。

**表 10.18　混凝土配合比试验结果**

| 编号 | 粉煤灰掺量(％) | 水胶比 | 水（kg/m³） | 水泥（kg/m³） | 粉煤灰（kg/m³） | 砂率（％） | JM - Ⅱ(％) | JM - GYQ（％） | 密度（kg/m³） | 坍落度（mm） | 含气量(％) |
|---|---|---|---|---|---|---|---|---|---|---|---|
| CFF151 | | 0.40 | 150 | 319 | 56 | 38 | 1.00 | 0.005 | 2 300 | 63 | 3.6 |
| CFF152 | 15 | 0.42 | 150 | 303 | 54 | 38 | 1.00 | 0.005 | 2 290 | 60 | 3.9 |
| CFF153 | | 0.44 | 148 | 286 | 50 | 38 | 1.00 | 0.005 | 2 300 | 57 | 3.5 |
| CFF251 | | 0.40 | 148 | 278 | 93 | 38 | 1.00 | 0.010 | 2 280 | 61 | 3.8 |
| CFF252 | 25 | 0.42 | 146 | 261 | 87 | 38 | 1.00 | 0.010 | 2 290 | 62 | 3.6 |
| CFF253 | | 0.44 | 146 | 249 | 83 | 38 | 1.00 | 0.010 | 2 280 | 63 | 3.9 |

表 10.19 列出了初选配合比的抗压强度试验结果。根据抗压强度试验结果绘制不同粉煤灰掺量的水胶比与抗压强度关系图（见图 10.1），根据图 10.1 中拟合得出的公式，可以分别计算出不同粉煤灰掺量满足配制强度（28 d，31.6 MPa）要求的水胶比（见表 10.20）。

表 10.19　抗压强度试验结果

| 编号 | 粉煤灰掺量(%) | 水胶比 | $R_7$(MPa) | $R_{28}$(MPa) |
|------|------|------|------|------|
| CFF151 | | 0.40 | 26.2 | 44.9 |
| CFF152 | 15 | 0.42 | 21.3 | 38.7 |
| CFF153 | | 0.44 | 16.4 | 32.1 |
| CFF251 | | 0.40 | 16.3 | 38.0 |
| CFF252 | 25 | 0.42 | 11.7 | 31.7 |
| CFF253 | | 0.44 | 7.2 | 24.8 |

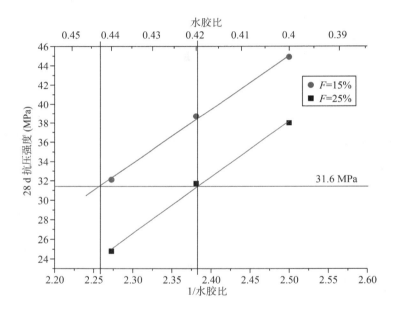

图 10.1　不同粉煤灰掺量的水胶比与抗压强度关系图

表 10.20　不同粉煤灰掺量满足配制强度要求的水胶比

| 粉煤灰掺量(%) | 1/水胶比 | 水胶比 |
|------|------|------|
| 15 | 2.26 | 0.442 |
| 25 | 2.38 | 0.420 |

从表 10.20 中可以看出:当粉煤灰掺量为 15% 时,水胶比 0.442 的配合比可以满足 28 d 配制强度大于 31.6 MPa 的要求;而当粉煤灰掺量为 25%

时,相应的水胶比为 0.420。

### 10.4.3 性能试验配合比

根据配合比试验结果,考虑到厂房二期混凝土抗冻性要求低,可以选择较高的粉煤灰掺量降低水泥用量,此时水胶比为 0.42,提出满足配制强度要求的性能试验配合比见表 10.21。

表 10.21 进行性能试验的混凝土配合比

| 编号 | 水胶比 | 粉煤灰掺量(%) | 胶凝材料用量(kg/m³) | 砂率(%) | 水(kg/m³) | 水泥(kg/m³) | 粉煤灰(kg/m³) | 减水剂(%) | 引气剂(%) |
|---|---|---|---|---|---|---|---|---|---|
| CFX | 0.42 | 25 | 348 | 38 | 146 | 261 | 87 | 1.00 | 0.010 |

## 10.5 水道隧洞衬砌混凝土配合比试验

水道隧洞衬砌混凝土的主要指标见表 10.22。

表 10.22 混凝土使用部位及主要指标

| 部位 | 材料等级 | 设计龄期强度保证率(%) | 级配 |
|---|---|---|---|
| 水道隧洞衬砌混凝土 | C25W6F100 | 95 | Ⅱ |

### 10.5.1 拌合物基本参数试验

首先进行引气剂掺量试验,根据水道隧洞衬砌混凝土的抗冻要求,拟控制含气量在 4%~5%。泵送混凝土的坍落度由泵送高程和难易程度而定,泵送高程在 30 m 以内的坍落度可以控制在 100~140 mm。本次室内试验控制坍落度在 120~140 mm 之间。如表 10.23 所示,当采用水胶比为 0.42、粉煤灰掺量为 15% 的配合比,外加剂选用 JM-Ⅱ 高效减水剂和 JM—GYQ 引气剂时,对比 3 种引气剂掺量,找出能满足含气量要求的掺量。由试验结果可以看出,当引气剂掺量为 0.02% 时,混凝土的含气量能达到 4.5% 左右。

**表 10.23　引气剂掺量试验结果**

| 编号 | 水胶比 | 水 (kg/m³) | 水泥 (kg/m³) | 粉煤灰 (kg/m³) | 砂率 (%) | JM-Ⅱ(%) | JM-GYQ(%) | 密度 (kg/m³) | 坍落度 (mm) | 含气量(%) | $R_7$ (MPa) | $R_{28}$ (MPa) |
|---|---|---|---|---|---|---|---|---|---|---|---|---|
| CQA1 | 0.42 | 160 | 324 | 57 | 40 | 1.20 | 0.005 | 2 270 | 124 | 3.9 | 20.5 | 36.4 |
| CQA2 | 0.42 | 160 | 324 | 57 | 40 | 1.20 | 0.010 | 2 260 | 122 | 4.3 | 19.9 | 36.1 |
| CQA3 | 0.42 | 160 | 324 | 57 | 40 | 1.20 | 0.020 | 2 260 | 132 | 4.5 | 19.7 | 35.7 |
| CQA4 | 0.42 | 160 | 324 | 57 | 40 | 1.20 | 0.030 | 2 250 | 126 | 4.8 | 19.6 | 35.6 |

混凝土砂率优化试验采用浑河 P.MH 42.5 水泥,JM-Ⅱ高效减水剂掺量为 1.2%,JM-GYQ 引气剂掺量为前述满足含气量 4.5% 左右的掺量,水胶比为 0.42,对比 36%、38%、40% 和 42% 四种砂率,找出最优砂率为 40%,此时粗骨料用量约为 1 041 kg/m³(见表 10.24)。

**表 10.24　砂率优化试验结果**

| 编号 | 砂率 (%) | 水胶比 | 水 (kg/m³) | 水泥 (kg/m³) | 粉煤灰 (kg/m³) | 砂 (kg/m³) | 石 (kg/m³) | 密度 (kg/m³) | 坍落度 (mm) | 含气量(%) | 和易性 | $R_7$ (MPa) | $R_{28}$ (MPa) |
|---|---|---|---|---|---|---|---|---|---|---|---|---|---|
| CQS1 | 36 | 0.42 | 160 | 324 | 57 | 625 | 1 111 | 2 270 | 112 | 4.1 | 一般 | 20.0 | 36.3 |
| CQS2 | 38 | 0.42 | 160 | 324 | 57 | 660 | 1 077 | 2 260 | 122 | 4.4 | 一般 | 19.5 | 35.8 |
| CQS3 | 40 | 0.42 | 160 | 324 | 57 | 694 | 1 041 | 2 260 | 132 | 4.5 | 好 | 19.7 | 35.7 |
| CQS4 | 42 | 0.42 | 160 | 324 | 57 | 729 | 1 007 | 2 260 | 120 | 4.6 | 一般 | 19.8 | 36.0 |

## 10.5.2　配合比试验

分别考虑掺 15% 和 25% 粉煤灰,各种方案各考虑 0.40、0.42 和 0.44 三种水胶比,进行 7 d 和 28 d 抗压强度试验,找出不同配合比方案满足配制强度要求的水胶比(见表 10.25)。

**表 10.25　混凝土配合比试验结果**

| 编号 | 粉煤灰掺量 (%) | 水胶比 | 水 (kg/m³) | 水泥 (kg/m³) | 粉煤灰 (kg/m³) | 砂率 (%) | JM-Ⅱ(%) | JM-GYQ(%) | 密度 (kg/m³) | 坍落度 (mm) | 含气量(%) |
|---|---|---|---|---|---|---|---|---|---|---|---|
| CQF151 | | 0.40 | 160 | 340 | 60 | 39 | 1.20 | 0.020 | 2 250 | 128 | 4.8 |
| CQF152 | 15 | 0.42 | 160 | 324 | 57 | 40 | 1.20 | 0.020 | 2 260 | 138 | 4.5 |
| CQF153 | | 0.44 | 158 | 305 | 54 | 41 | 1.20 | 0.020 | 2 250 | 130 | 4.9 |
| CQF251 | | 0.40 | 158 | 296 | 99 | 39 | 1.20 | 0.030 | 2 240 | 124 | 4.8 |
| CQF252 | 25 | 0.42 | 156 | 278 | 93 | 40 | 1.20 | 0.030 | 2 250 | 130 | 4.5 |
| CQF253 | | 0.44 | 156 | 266 | 89 | 41 | 1.20 | 0.030 | 2 250 | 138 | 4.8 |

表 10.26 列出了初选配合比的抗压强度试验结果。根据抗压强度试验结果绘制不同粉煤灰掺量的水胶比与抗压强度关系图(见图 10.2),根据图中拟合得出的公式,可以分别计算出不同粉煤灰掺量满足配制强度(28 d,31.6 MPa)要求的水胶比(见表 10.27)。

**表 10.26　抗压强度试验结果**

| 编号 | 粉煤灰掺量(%) | 水胶比 | $R_7$(MPa) | $R_{28}$(MPa) |
|---|---|---|---|---|
| CQF151 | | 0.40 | 24.3 | 40.9 |
| CQF152 | 15 | 0.42 | 19.7 | 36.0 |
| CQF153 | | 0.44 | 15.2 | 29.6 |
| CQF251 | | 0.40 | 13.2 | 34.3 |
| CQF252 | 25 | 0.42 | 10.2 | 28.7 |
| CQF253 | | 0.44 | 7.0 | 22.8 |

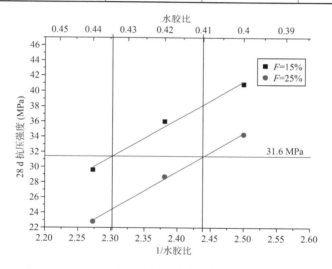

**图 10.2　不同粉煤灰掺量的水胶比与抗压强度关系图**

**表 10.27　不同粉煤灰掺量满足配制强度要求的水胶比**

| 粉煤灰掺量(%) | $a$ | $b$ | 1/水胶比 | 水胶比 |
|---|---|---|---|---|
| 15 | −82.721 15 | 49.577 76 | 2.31 | 0.433 |
| 25 | −91.917 67 | 50.540 85 | 2.44 | 0.410 |

从表 10.27 中可以看出,当粉煤灰掺量为 15% 时,水胶比 0.433 的配合比可以满足 28 d 配制强度大于 31.6 MPa 的要求;而当粉煤灰掺量为 25% 时,相应的水胶比为 0.410。

## 10.5.3　性能试验配合比

根据配合比试验结果,选择水胶比为 0.41,采用 25% 粉煤灰掺量的配合比进行性能试验。

表 10.28　进行性能试验的混凝土配合比

| 编号 | 水胶比 | 粉煤灰掺量(%) | 胶凝材料用量(kg/m³) | 砂率(%) | 水(kg/m³) | 水泥(kg/m³) | 粉煤灰(kg/m³) | 减水剂(%) | 引气剂(%) |
|---|---|---|---|---|---|---|---|---|---|
| CQX | 0.41 | 25 | 383 | 40 | 157 | 287 | 96 | 1.20 | 0.030 |

# 10.6　水道坝工水位变动区混凝土配合比试验

水道坝工水位变动区混凝土的主要指标见表 10.29。

表 10.29　混凝土使用部位及主要指标

| 部位 | 材料等级 | 设计龄期强度保证率(%) | 级配 |
|---|---|---|---|
| 水道坝工水位变动区混凝土 | C30W6F400 | 95 | Ⅱ |

## 10.6.1　拌合物基本参数试验

首先进行引气剂掺量试验,根据水道坝工水位变动区混凝土的抗冻要求,拟控制含气量在 5%~6%,室内试验控制坍落度在 50~70 mm。如表 10.30 所示,当采用水胶比 0.40 的配合比、JM-Ⅱ高效减水剂和 JM-GYQ 引气剂时,对比 3 种引气剂掺量,找出能满足含气量要求的掺量。由试验结果可以看出,当引气剂掺量为 0.050% 左右时含气量能满足要求。

表 10.30　引气剂掺量试验结果

| 编号 | 水胶比 | 水 (kg/m³) | 水泥 (kg/m³) | 粉煤灰 (kg/m³) | 砂率 (%) | JM-Ⅱ (%) | JM-GYQ(%) | 密度 (kg/m³) | 坍落度 (mm) | 含气量(%) | $R_7$ (MPa) | $R_{28}$ (MPa) |
|---|---|---|---|---|---|---|---|---|---|---|---|---|
| BGA1 | 0.40 | 150 | 319 | 56 | 38 | 1.00 | 0.020 | 2 280 | 55 | 4.3 | 24.1 | 41.3 |
| BGA2 | 0.40 | 150 | 319 | 56 | 38 | 1.00 | 0.030 | 2 270 | 56 | 4.7 | 23.7 | 40.3 |
| BGA3 | 0.40 | 150 | 319 | 56 | 38 | 1.00 | 0.040 | 2 250 | 58 | 5.2 | 23.6 | 40.1 |
| BGA4 | 0.40 | 150 | 319 | 56 | 38 | 1.00 | 0.050 | 2 250 | 59 | 5.6 | 23.4 | 39.7 |

　　混凝土砂率优化试验采用浑河 P.MH 42.5 水泥,JM-Ⅱ高效减水剂掺量为 1.0%,JM-GYQ 引气剂掺量为前述满足含气量 5.5% 左右的掺量,水胶比为 0.40,对比 34%、36%、38% 和 40% 四种砂率,找出最优砂率。从试验结果可以看出,当砂率为 38% 时混凝土和易性最好,此时混凝土中粗骨料用量为 1 080 kg/m³(见表 10.31)。

表 10.31　砂率优化试验结果

| 编号 | 砂率 (%) | 水胶比 | 水 (kg/m³) | 水泥 (kg/m³) | 粉煤灰 (kg/m³) | 砂 (kg/m³) | 石 (kg/m³) | 密度 (kg/m³) | 坍落度 (mm) | 含气量(%) | 和易性 | $R_7$ (MPa) | $R_{28}$ (MPa) |
|---|---|---|---|---|---|---|---|---|---|---|---|---|---|
| BGS1 | 34 | 0.40 | 150 | 319 | 56 | 593 | 1 151 | 2 260 | 52 | 4.9 | 差 | 23.0 | 40.1 |
| BGS2 | 36 | 0.40 | 150 | 319 | 56 | 627 | 1 115 | 2 250 | 55 | 5.3 | 一般 | 23.2 | 39.8 |
| BGS3 | 38 | 0.40 | 150 | 319 | 56 | 662 | 1 080 | 2 250 | 59 | 5.6 | 好 | 23.4 | 39.7 |
| BGS4 | 40 | 0.40 | 150 | 319 | 56 | 697 | 1 046 | 2 260 | 57 | 5.2 | 一般 | 23.3 | 39.9 |

## 10.6.2　配合比试验

　　分别考虑不掺粉煤灰的纯水泥普通混凝土和掺 15%、25% 粉煤灰的粉煤灰混凝土,每种方案都考虑 0.38、0.39 和 0.40 三种水胶比,进行 7 d 和 28 d 抗压强度试验和 28 d 快速冻融试验,找出不同配合比方案满足配制强度要求的水胶比(见表 10.32)。

表 10.32　混凝土配合比试验结果

| 编号 | 粉煤灰掺量(%) | 水胶比 | 水 (kg/m³) | 水泥 (kg/m³) | 粉煤灰 (kg/m³) | 砂率 (%) | JM-Ⅱ (%) | JM-GYQ(%) | 密度 (kg/m³) | 坍落度 (mm) | 含气量 (%) |
|---|---|---|---|---|---|---|---|---|---|---|---|
| BGF001 |  | 0.38 | 155 | 408 | 0 | 38 | 1.00 | 0.040 | 2 260 | 56 | 5.6 |
| BGF002 | 0 | 0.39 | 155 | 397 | 0 | 38 | 1.00 | 0.040 | 2 260 | 63 | 5.6 |
| BGF003 |  | 0.40 | 155 | 388 | 0 | 38 | 1.00 | 0.040 | 2 260 | 55 | 5.7 |

| 编号 | 粉煤灰掺量(%) | 水胶比 | 水(kg/m³) | 水泥(kg/m³) | 粉煤灰(kg/m³) | 砂率(%) | JM-Ⅱ(%) | JM-GYQ(%) | 密度(kg/m³) | 坍落度(mm) | 含气量(%) |
|---|---|---|---|---|---|---|---|---|---|---|---|
| BGF151 | | 0.38 | 153 | 343 | 60 | 38 | 1.00 | 0.050 | 2 240 | 64 | 5.6 |
| BGF152 | 15 | 0.39 | 153 | 333 | 59 | 38 | 1.00 | 0.050 | 2 240 | 56 | 5.9 |
| BGF153 | | 0.40 | 152 | 323 | 57 | 38 | 1.00 | 0.050 | 2 240 | 62 | 5.6 |
| BGF251 | | 0.38 | 152 | 300 | 100 | 38 | 1.00 | 0.060 | 2 230 | 65 | 5.6 |
| BGF252 | 25 | 0.39 | 152 | 293 | 98 | 38 | 1.00 | 0.060 | 2 230 | 62 | 5.9 |
| BGF253 | | 0.40 | 150 | 281 | 94 | 38 | 1.00 | 0.050 | 2 230 | 61 | 5.7 |

表 10.33 列出了初选配合比的抗压强度试验结果。根据抗压强度试验结果绘制不同粉煤灰掺量的胶水比与抗压强度关系图(见图 10.3),根据图中拟合得出的公式,可以分别计算出不同粉煤灰掺量满足配制强度(28 d,37.4 MPa)要求的水胶比(见表 10.34)。

**表 10.33  抗压强度试验结果**

| 编号 | 粉煤灰掺量(%) | 水胶比 | $R_7$(MPa) | $R_{28}$(MPa) |
|---|---|---|---|---|
| BGF001 | | 0.38 | 28.8 | 50.0 |
| BGF002 | 0 | 0.39 | 27.2 | 46.6 |
| BGF003 | | 0.40 | 25.8 | 44.2 |
| BGF151 | | 0.38 | 26.2 | 45.1 |
| BGF152 | 15 | 0.39 | 24.7 | 42.5 |
| BGF153 | | 0.40 | 23.6 | 39.9 |
| BGF251 | | 0.38 | 14.3 | 37.4 |
| BGF252 | 25 | 0.39 | 13.6 | 35.0 |
| BGF253 | | 0.40 | 13.0 | 33.3 |

**表 10.34  不同粉煤灰掺量满足配制强度要求的水胶比**

| 粉煤灰掺量(%) | $a$ | $b$ | 1/水胶比 | 水胶比 |
|---|---|---|---|---|
| 0 | −66.283 70 | 44.135 28 | 2.35 | 0.426 |
| 15 | −58.855 57 | 39.511 34 | 2.44 | 0.410 |
| 25 | −44.798 25 | 31.198 63 | 2.63 | 0.380 |

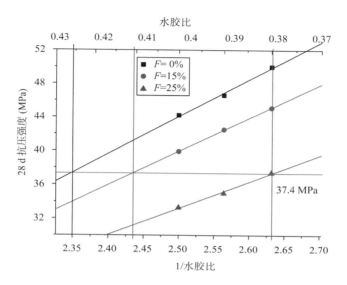

**图 10.3　不同粉煤灰掺量的水胶比与抗压强度关系图**

抗冻试验结果见表 10.35。

**表 10.35　抗冻试验结果**

| 编号 | 粉煤灰掺量（%） | 水胶比 | 质量损失率（%） | | | | 相对动弹性模量（%） | | | | 抗冻等级 |
|---|---|---|---|---|---|---|---|---|---|---|---|
| | | | 100 次 | 200 次 | 300 次 | 400 次 | 100 次 | 200 次 | 300 次 | 400 次 | |
| BGF001 | 0 | 0.38 | 0 | 0 | 0.2 | 0.5 | 100 | 100 | 99.4 | 92.1 | ＞F400 |
| BGF002 | | 0.39 | 0 | 0 | 0.1 | 0.6 | 100 | 100 | 96.1 | 91.3 | ＞F400 |
| BGF003 | | 0.40 | 0 | 0 | 0.3 | 0.9 | 100 | 98.4 | 95.5 | 90.1 | ＞F400 |
| BGF151 | 15 | 0.38 | 0 | 0 | 0 | 0.7 | 100 | 100 | 96.9 | 91.9 | ＞F400 |
| BGF152 | | 0.39 | 0 | 0 | 0.2 | 0.7 | 100 | 99.1 | 95.4 | 90.6 | ＞F400 |
| BGF153 | | 0.40 | 0 | 0.2 | 0.4 | 1.1 | 100 | 97.6 | 92.2 | 88.8 | ＞F400 |
| BGF251 | 25 | 0.38 | 0 | 0 | 0 | 0.8 | 100 | 100 | 96.6 | 90.3 | ＞F400 |
| BGF252 | | 0.39 | 0 | 0.3 | 0.4 | 0.9 | 100 | 100 | 94.4 | 88.6 | ＞F400 |
| BGF253 | | 0.40 | 0 | 0.1 | 0.7 | 1.4 | 100 | 96.8 | 91.7 | 85.7 | ＞F400 |

　　抗冻试验结果表明，各组混凝土 400 次冻融循环后质量损失率均较小，相对动弹性模量为 85.7%～92.1%，大于 60% 的要求，抗冻等级均大于 F400。其中掺加粉煤灰的各组相对动弹性模量略小于不掺粉煤灰的混凝土，随着粉

煤灰的掺量增加相对动弹性模量呈下降趋势。

### 10.6.3　性能试验配合比

根据配合比试验结果,参照表 10.13 中对于最大水胶比的限制,该部位混凝土最大水胶比为 0.40,鉴于敦化抽水蓄能电站坝工混凝土所处环境存在高寒和软水侵蚀双重不利因素,考虑以 0.39 水胶比的混凝土方案提出性能试验配合比。

表 10.36　进行性能试验的混凝土配合比

| 编号 | 水胶比 | 粉煤灰掺量(%) | 胶凝材料用量(kg/m³) | 砂率(%) | 水(kg/m³) | 水泥(kg/m³) | 粉煤灰(kg/m³) | 减水剂(%) | 引气剂(%) |
|---|---|---|---|---|---|---|---|---|---|
| BGX | 0.39 | 15 | 392 | 38 | 153 | 333 | 59 | 1.00 | 0.050 |

## 10.7　混凝土性能试验

### 10.7.1　性能试验配合比

根据各种类型混凝土的配合比试验结果,共提出厂房二期Ⅱ级配 C25W6F50 混凝土、水道隧洞衬砌Ⅱ级配 C25W6F100 混凝土和水道坝工水位变动区Ⅱ级配 C30W6F400 混凝土各 1 组共计 3 组混凝土进行相关性能试验(见表 10.37)。

表 10.37　进行性能试验的混凝土配合比

| 编号 | 部位 | 水胶比 | 粉煤灰掺量(%) | 胶凝材料用量(kg/m³) | 砂率(%) | 水(kg/m³) | 水泥(kg/m³) | 粉煤灰(kg/m³) | 减水剂(%) | 引气剂(%) |
|---|---|---|---|---|---|---|---|---|---|---|
| CFX | 厂房二期 | 0.42 | 25 | 348 | 38 | 146 | 261 | 87 | 1.00 | 0.010 |
| CQX | 隧洞衬砌 | 0.41 | 25 | 383 | 40 | 157 | 287 | 96 | 1.20 | 0.030 |
| BGX | 坝工 | 0.39 | 15 | 392 | 38 | 153 | 333 | 59 | 1.00 | 0.050 |

### 10.7.2　拌合物性能试验

对表 10.37 中的混凝土配合比进行坍落度、含气量、密度、初凝时间、终凝时间、泌水率等拌合物性能试验,结果见表 10.38。

**表 10.38　拌合物性能试验结果**

| 编号 | 部位 | 坍落度（mm） | 含气量（%） | 密度（kg/m³） | 初凝时间（h:min） | 终凝时间（h:min） | 泌水率（%） |
|---|---|---|---|---|---|---|---|
| CFX | 厂房二期 | 56 | 3.6 | 2 290 | 7:20 | 9:35 | 0 |
| CQX | 隧洞衬砌 | 122 | 4.6 | 2 260 | 7:25 | 9:20 | 0 |
| BGX | 坝工 | 63 | 5.7 | 2 240 | 6:40 | 8:35 | 0 |

三组混凝土坍落度分别为 56 mm、122 mm 和 63 mm,含气量分别为 3.6%、4.6% 和 5.7%,密度分别为 2 290 kg/m³、2 260 kg/m³ 和 2 240 kg/m³,初凝时间分别为 7h 20min、7h 25min 和 6h 40min,终凝时间分别为 9h 35min、9h 20min 和 8h 35min,均无泌水。

## 10.7.3　物理力学性能试验

对表 10.37 中的混凝土配合比进行了立方体抗压强度、轴心抗压强度、轴心抗压弹性模量、轴心抗拉强度、轴心抗拉弹性模量、极限拉伸值、摩擦系数、黏聚力等物理力学性能试验,试验结果见表 10.39、表 10.40、表 10.41。

**表 10.39　立方体抗压强度试验结果**

| 编号 | 部位 | 立方体抗压强度(MPa) | |
|---|---|---|---|
| | | 7 d | 28 d |
| CFX | 厂房二期 | 11.6 | 31.9 |
| CQX | 隧洞衬砌 | 11.7 | 32.3 |
| BGX | 坝工 | 24.7 | 41.7 |

**表 10.40　轴心抗压试验结果**

| 编号 | 部位 | 轴心抗压强度(MPa) | | 轴心抗压弹性模量(GPa) | |
|---|---|---|---|---|---|
| | | 7 d | 28 d | 7 d | 28 d |
| CFX | 厂房二期 | 10.5 | 28.8 | 23.6 | 29.6 |
| CQX | 隧洞衬砌 | 10.6 | 29.1 | 23.2 | 29.3 |
| BGX | 坝工 | 22.2 | 37.6 | 27.7 | 32.6 |

表 10.41　轴心抗拉试验结果

| 编号 | 部位 | 轴心抗拉强度(MPa) | | 轴心抗拉弹性模量(GPa) | | 极限拉伸值($\times 10^{-6}$) | |
|---|---|---|---|---|---|---|---|
| | | 7 d | 28 d | 7 d | 28 d | 7 d | 28 d |
| CFX | 厂房二期 | 0.83 | 2.64 | 32.5 | 36.5 | 72 | 102 |
| CQX | 隧洞衬砌 | 0.86 | 2.71 | 32.4 | 36.8 | 75 | 105 |
| BGX | 坝工 | 1.93 | 3.41 | 35.0 | 38.5 | 85 | 111 |

表 10.42　抗剪强度试验结果

| 编号 | 部位 | 摩擦系数 $f'$ | | 黏聚力 $c'$(MPa) | |
|---|---|---|---|---|---|
| | | 7 d | 28 d | 7 d | 28 d |
| CFX | 厂房二期 | 1.07 | 1.49 | 1.89 | 2.77 |
| CQX | 隧洞衬砌 | 1.02 | 1.43 | 1.95 | 2.88 |
| BGX | 坝工 | 1.38 | 1.72 | 2.21 | 3.10 |

三组混凝土 28 d 立方体抗压强度分别为 31.9 MPa、32.3 MPa 和 41.7 MPa。28 d 龄期的轴心抗压强度分别为 28.8 MPa、29.1 MPa 和 37.6 MPa,轴心抗压弹性模量分别为 29.6 GPa、29.3 GPa 和 32.6 GPa;轴心抗拉强度分别为 2.64 MPa、2.71 MPa 和 3.41 MPa,轴心抗拉弹性模量分别为 36.5 GPa、36.8 GPa 和 38.5 GPa,极限拉伸值分别为 $102 \times 10^{-6}$、$105 \times 10^{-6}$ 和 $111 \times 10^{-6}$。28 d 抗剪摩擦系数 $f'$ 分别为 1.49、1.43 和 1.72,黏聚力 $c'$ 分别为 2.77 MPa、2.88 MPa 和 3.10 MPa。

## 10.7.4　变形性能试验

对表 10.37 中的混凝土配合比进行自生体积变形试验,试验结果见表 10.43 和图 10.4。

表 10.43　自生体积变形试验结果($\times 10^{-6}$)

| 龄期(d) | CFX | CQX | BGX |
|---|---|---|---|
| 1 | −1 | 0 | −1 |
| 2 | −2 | −2 | −2 |
| 3 | −4 | −4 | −4 |

| 龄期(d) | CFX | CQX | BGX |
|---|---|---|---|
| 4 | −5 | −6 | −5 |
| 5 | −7 | −8 | −7 |
| 6 | −8 | −9 | −9 |
| 7 | −8 | −10 | −9 |
| 14 | −10 | −11 | −10 |
| 21 | −10 | −12 | −10 |
| 28 | −12 | −14 | −13 |

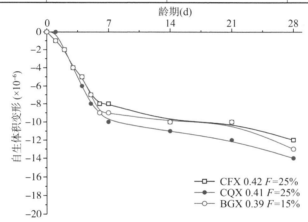

**图 10.4　混凝土自生体积变形试验结果**

已经取得 28 d 的结果显示,三组混凝土的自生体积变形基本一致,均为收缩型,28 d 收缩率在 $12×10^{-6}$～$14×10^{-6}$ 之间。

## 10.7.5　耐久性试验

对表 10.37 中的混凝土配合比进行抗冻试验和抗渗试验,混凝土养护至 28 d 龄期开始试验。试验结果见表 10.44 和表 10.45。

由抗冻试验结果可以看出,厂房二期混凝土抗冻等级大于 F100,隧道衬砌混凝土抗冻等级大于 F200,坝工混凝土抗冻等级大于 F400,三组混凝土均满足设计要求的抗冻指标。

表 10.44 混凝土抗冻试验结果

| 编号 | 部位 | 设计抗冻等级 | 质量损失率（%） | | | | 相对动弹性模量（%） | | | | 抗冻等级 |
|------|------|------------|--------|--------|--------|--------|--------|--------|--------|--------|--------|
| | | | 100 次 | 200 次 | 300 次 | 400 次 | 100 次 | 200 次 | 300 次 | 400 次 | |
| CFX | 厂房二期 | F50 (28 d) | 1.5 | — | — | — | 85.2 | — | — | — | >F100 |
| CQX | 隧洞衬砌 | F100 (28 d) | 0.2 | 1.5 | — | — | 90.0 | 81.3 | — | — | >F200 |
| BGX | 坝工 | F400 (28 d) | 0.0 | 0.1 | 0.2 | 0.5 | 100 | 98.1 | 91.2 | 82.5 | >F400 |

抗渗试验采用逐级加压至 1.1 MPa 并保持 8 h 后测试渗水高度的方法。

表 10.45 混凝土抗渗试验结果

| 编号 | 部位 | 设计要求 | 28 d 抗渗能力 | 渗水高度（mm） | 相对渗水高度（%） | 抗渗等级 | 是否满足设计要求 |
|------|------|--------|------------|------------|------------|--------|--------------|
| CFX | 厂房二期 | W6 | 1.1 MPa 未渗水 | 27 | 18.0 | >W10 | 满足 |
| CQX | 隧洞衬砌 | W6 | 1.1 MPa 未渗水 | 20 | 13.3 | >W10 | 满足 |
| BGX | 坝工 | W6 | 1.1 MPa 未渗水 | 7 | 4.7 | >W10 | 满足 |

加压至 1.1 MPa 并保持 8 h 后，各组混凝土均无透水，相对渗水高度分别为 18.0%、13.3% 和 4.7%，抗渗等级大于 W10，满足设计要求。

# 10.8　抗溶蚀耐久性试验及其分析

对上水库和两个比选下水库地表水取样进行水质简分析试验，其结果见表 10.46。

由水质简分析试验结果可以看出，上水库坝基地表水、下水库坝基地表水以及水道地下水水样 $HCO_3^-$ 含量分别为 12.63 mg/L、25.26 mg/L 和 17.8 mg/L，经单位换算为 0.21 mmol/L、0.42 mmol/L 和 0.30 mmol/L，均小于 0.70 mmol/L，依据《水工混凝土结构设计规范》（DL/T 5057—2009）中关于环境水腐蚀性判别标准分析，其对混凝土有分解类溶出型中等腐蚀性。

**表 10.46　水质简分析试验结果表**

| 样品编号 | | SK | XK1 | S-ZK811 | S-ZK829 | S-PD803 | S-ZK848 |
|---|---|---|---|---|---|---|---|
| 取样地点 | | 上水库坝基 | 下水库坝基 | 上水库坝基 | 水道 | 厂房 | 下水库坝基 |
| 取样类型 | | 地表水 | 地表水 | 地下水 | 地下水 | 地下水 | 地下水 |
| 阳离子 (mg/L) | $K^+ + Na^+$ | 16.17 | 17.02 | 10.8 | 7.6 | 16.1 | 6.2 |
| | $Ca^{2+}$ | 2.00 | 3.00 | 15 | 4.4 | 6.4 | 15.0 |
| | $Mg^{2+}$ | 0.61 | 0.61 | 4.0 | 1.2 | 1.3 | 1.3 |
| 阴离子 (mg/L) | $Cl^-$ | 3.76 | 3.76 | 12.4 | 7.1 | 7.1 | 3.5 |
| | $SO_4^{2-}$ | 25.94 | 20.17 | 18.1 | 7.7 | 5.3 | 7.8 |
| | $HCO_3^-$ | 12.63 | 25.26 | 50.0 | 17.8 | 50.0 | 53.1 |
| | $CO_3^{2-}$ | — | — | — | — | — | — |
| 总硬度 (mmol/L) | | 0.08 | 0.10 | 1.08 | 0.32 | 0.43 | 0.86 |
| 总碱度 (mmol/L) | | 0.21 | 0.41 | 0.84 | 0.29 | 0.82 | 0.87 |
| 游离 $CO_2$ (mg/L) | | 7.18 | 7.18 | 2.3 | 11.3 | 2.3 | 1.5 |
| 侵蚀性 $CO_2$ (mg/L) | | 6.84 | 2.28 | 2.1 | 11.1 | 2.1 | 1.3 |
| 矿化度 (mg/L) | | 54.80 | 57.19 | 85.3 | 36.9 | 61.2 | 60.4 |
| 电导率 ($\mu S/cm$) | | 32.00 | 50.00 | — | — | — | — |
| pH 值 | | 6.9 | 6.3 | 6.2 | 6.3 | 6.3 | 6.3 |
| 对混凝土腐蚀性评价 | | 分解类溶出型中等腐蚀性 | 分解类溶出型中等腐蚀性及分解类一般酸性型弱腐蚀性 | 分解类溶出型弱腐蚀性及分解类一般酸性型弱腐蚀性 | 分解类溶出型中等腐蚀性及分解类一般酸性型弱腐蚀性 | 分解类溶出型弱腐蚀性及分解类一般酸性型弱腐蚀性 | 分解类溶出型弱腐蚀性及分解类一般酸性型弱腐蚀性 |

按照相关上、下水库地表水化学简分析结果,敦化工程在流动水条件下最可能发生溶出型侵蚀,而在非流动水部位最可能发生的是碳酸型侵蚀。

碳酸型侵蚀的主要原理是:

$$Ca(OH)_2 + CO_2 \rightarrow CaCO_3 + H_2O \tag{1}$$

$$CaCO_3 + CO_2 + H_2O \leftrightarrow Ca^{2+} + 2HCO_3^- \tag{2}$$

反应(2)为可逆反应,当环境水中 $HCO_3^-$ 浓度较低时,在 $CO_2$ 的作用下反应向右进行。

对于混凝土,以上溶蚀作用又可分为表面型和渗透型两种:对于表面型溶蚀,加入掺合料会降低混凝土的碱度,加快溶蚀,对混凝土不利;对于渗透型溶蚀,加入适当的活性掺合料,可以提高混凝土的密实度,对混凝土有利。

环境水分解类腐蚀判别标准见表 10.47。

表 10.47 环境水分解类腐蚀判别标准

| 腐蚀类型(分解类) | 腐蚀性特征判定依据 | 腐蚀程度 | 界限指标 |
|---|---|---|---|
| 溶出型 | $HCO_3^-$ 含量(mmol/L) | 无腐蚀 | $HCO_3^- > 1.07$ |
| | | 弱腐蚀 | $1.07 \geqslant HCO_3^- > 0.70$ |
| | | 中等腐蚀 | $HCO_3^- \leqslant 0.7$ |
| | | 强腐蚀 | — |
| 一般酸性 | pH 值 | 无腐蚀 | $pH > 6.5$ |
| | | 弱腐蚀 | $6.5 \geqslant pH > 6.0$ |
| | | 中等腐蚀 | $6.0 \geqslant pH > 5.5$ |
| | | 强腐蚀 | $pH \leqslant 5.5$ |
| 碳酸型 | 游离 $CO_2$(mg/L) | 无腐蚀 | $CO_2 < 15$ |
| | | 弱腐蚀 | $15 \leqslant CO_2 < 30$ |
| | | 中等腐蚀 | $30 \leqslant CO_2 < 60$ |
| | | 强腐蚀 | $CO_2 \geqslant 60$ |

防止溶蚀的方法主要有三种:① 提高混凝土自身的密实度和碱度;② 在混凝土表面用煤沥青、橡胶、沥青漆等处理形成保护层;③ 提高环境水的硬度。

《水工混凝土耐久性技术规范》(DL/T 5241—2010)中指出:当环境水对混凝土具有侵蚀性时,应根据侵蚀类型和侵蚀程度按表 10.48 所列技术要求控制与环境水接触的混凝土的最大水胶比,以满足混凝土的抗渗等级要求。

表 10.48　耐侵蚀混凝土的技术要求

| 侵蚀程度 | 宜用的水泥品种及掺合料 | 最大水胶比 | 抗渗等级 |
|---|---|---|---|
| 弱侵蚀 | 硅酸盐水泥或普通硅酸盐水泥,并采取下列措施之一:<br>① 掺磨细矿渣粉;<br>② 掺粉煤灰;<br>③ 掺硅灰 | 0.50 | ≥W8 |
| | 抗硫酸盐水泥($C_3A$ 小于 5%) | 0.50 | |
| 中等侵蚀 | 中抗硫酸盐水泥、熟料中 $C_3A$ 含量小于 8% 的硅酸盐水泥或普通硅酸盐水泥,并采取下列措施之一:<br>① 掺磨细矿渣粉;<br>② 掺粉煤灰;<br>③ 掺硅灰 | 0.45 | ≥W10 |
| | 高抗硫酸盐水泥 | 0.45 | |

　　敦化抽水蓄能电站所处环境存在中等侵蚀,工程拟采用水泥为浑河中热硅酸盐水泥,根据《中热硅酸盐水泥　低热硅酸盐水泥　低热矿渣硅酸盐水泥》(GB/T 200—2003)中对中热硅酸盐水泥熟料成分的要求,铝酸三钙($C_3A$)的含量应不超过 6%,属于熟料中 $C_3A$ 含量小于 8% 的硅酸盐水泥。三组混凝土均考虑掺用适量优质粉煤灰。水胶比介于 0.39~0.42,均小于 0.45。拟用水泥品种和掺合料方案以及水胶比均满足表 10.48 所列技术要求。三组混凝土抗渗试验结果表明,逐级加压至 1.1 MPa 并保持 8 h 后,各组混凝土均无透水,相对渗水高度分别为 18.0%、13.3% 和 4.7%,抗渗等级大于 W10,并有充足富裕量。

　　为了验证推荐的三组混凝土在软水侵蚀条件下的可行性,开展了软水养护下的混凝土抗压强度变化试验和软水抗渗试验。

　　软水养护下的混凝土强度变化试验采用电导率小于 10 $\mu$S/cm 的去离子水养护混凝土试块,定期换水,保证养护水电导率始终小于 20 $\mu$S/cm。分别养护 7 d、28 d 后测试抗压强度并与标准养护条件对比,试验结果见表 10.49。

表 10.49　软水养护混凝土抗压强度试验结果

| 编号 | 部位 | 养护方式 | 立方体抗压强度（MPa） | |
| --- | --- | --- | --- | --- |
| | | | 7 d | 28 d |
| CFX | 厂房二期 | 标准养护 | 11.4 | 31.6 |
| | | 软水养护 | 11.3 | 31.7 |
| CQX | 隧洞衬砌 | 标准养护 | 11.6 | 32.5 |
| | | 软水养护 | 11.4 | 32.1 |
| BGX | 坝工 | 标准养护 | 24.3 | 41.1 |
| | | 软水养护 | 24.4 | 40.7 |

　　软水养护抗压强度试验结果表明，采用软水养护的混凝土强度与标准养护条件下的基本相同，无显著差别，在软水养护下厂房二期混凝土 28 d 强度和坝工混凝土 7 d 强度略高于标准养护条件下的强度。根据已经取得的试验结果，可以认为软水养护对三组混凝土 28 d 抗压强度影响很小。

　　软水抗渗试验系将标准抗渗试验所用水换成电导率小于 10 $\mu S/cm$ 的去离子水，逐级加压至 1.1 MPa 并保持 8 h，测试渗水高度，并与标准试验所得结果对比，试验结果见表 10.50。

　　软水抗渗试验结果表明，在标准试验条件下，三组混凝土在 1.1 MPa 下保持 8 h 的渗水高度分别为 24 mm、19 mm 和 8 mm，相对渗水高度为 16.0%、12.7% 和 5.3%。采用软水进行试验的结果是：三组混凝土渗水高度分别为 22 mm、20 mm 和 9 mm，相对渗水高度分别为 14.7%、13.3% 和 6.0%。对比发现，标准试验结果和软水试验结果互有高低，未见显著差异。

表 10.50　混凝土软水抗渗试验结果

| 编号 | 部位 | 养护方式 | 渗水高度（mm） | 相对渗水高度（%） |
| --- | --- | --- | --- | --- |
| CFX | 厂房二期 | 标准养护 | 24 | 16.0 |
| | | 软水养护 | 22 | 14.7 |
| CQX | 隧洞衬砌 | 标准养护 | 19 | 12.7 |
| | | 软水养护 | 20 | 13.3 |
| BGX | 坝工 | 标准养护 | 8 | 5.3 |
| | | 软水养护 | 9 | 6.0 |

　　通过以上对敦化环境水腐蚀条件评估和耐久性分析,以及混凝土软水养护抗压强度试验以及软水抗渗试验的验证结果,推荐的三组混凝土各项参数均满足抗侵蚀耐久性要求,与本书第 2 章内容得到的结论一致性良好,可以尽可能减缓混凝土在软水侵蚀下抗压强度和抗渗性的劣化过程,可供工程设计和施工参考。

# 第 11 章 结论及展望

## 11.1 结论

水泥基材料长期受到溶蚀作用时,水化产物中的 $Ca(OH)_2$ 会不断被溶出,导致材料的孔隙率增加,强度和耐久性降低,最终造成结构破坏,对工程的长期安全构成严重威胁。因此,基于溶蚀过程的水泥基材料的耐久性研究是水泥基材料耐久性研究中的一个重点。但是,国内外对混凝土溶蚀特性的研究工作开展较晚,目前还处于起步阶段。

本书紧密围绕水泥石的溶蚀耐久性研究,在加速溶蚀作用下,从溶蚀深度、孔隙率、抗压试验、抗弯试验和维氏硬度等方面对不同配合比的水泥石开展了较为系统的研究,得到的主要结论归纳如下:

(1) $NH_4Cl$ 溶液适宜作为加速溶蚀介质。水泥基材料的自然溶蚀过程非常缓慢,若要在短期内获得高度溶蚀的试样,对其各项性能进行系统的研究,必须采用加速溶蚀方法。目前最常用的一种加速溶蚀方法是采用 6 mol/L 的 $NH_4NO_3$ 溶液作为加速溶蚀介质,但是 $NH_4NO_3$ 晶体具有较大的安全隐患,对试验环境和操作人员的要求较高。为了寻求一种更为安全的加速溶蚀介质,选取了 $NH_4Cl$ 溶液和 HCl 溶液对混凝土试样进行加速溶蚀,获得了溶蚀试样的溶蚀深度、抗压强度损失率、质量损失率、水化产物微观形貌和相关元素含量等多项指标。对 $NH_4NO_3$ 溶液、$NH_4Cl$ 溶液和 HCl 溶液这三种加速溶蚀介质的溶蚀效果进行对比可以看出:$NH_4Cl$ 溶液的加速溶蚀效果比较明显,虽然溶蚀速度稍慢于 $NH_4NO_3$ 溶液,但是各项性能指标的变化规律与在 $NH_4NO_3$ 溶液中的规律相似,且 $NH_4Cl$ 晶体化学性能稳定,适宜作为加速溶蚀介质。

(2) 溶蚀深度与表象溶蚀深度之间存在一定的比例关系。目前常用

Ca(OH)$_2$ 溶解峰线法来测定溶蚀试样的溶蚀深度。另外,也有学者利用溶蚀过程使水泥石中性化这一特性,将可以显色的酚酞试液喷洒在溶蚀试样的剖面,通过测量酚酞试液变色界线距溶蚀试样表面的距离,获得溶蚀试样的表象溶蚀深度。表象溶蚀深度并不等同于溶蚀深度,两者之间存在一定的关系:随着 $W/C$ 在 0.30~0.60 之间变化,PC 试样的 $d_T / d_{ph}$ 值在 1.15~1.25 之间波动,FA30 试样的 $d_T / d_{ph}$ 值在 1.05~1.13 之间波动。在实际混凝土结构物中,若直接测定结构物的溶蚀深度,须使结构物露出沿溶蚀方向的断面,不仅操作不便,还有可能会使结构物受到损伤,而表象溶蚀深度的测定则比较容易。因此,可以利用溶蚀深度 $d_T$ 与表象溶蚀深度 $d_{ph}$ 的关系,通过测定混凝土结构物的表象溶蚀深度 $d_{ph}$ 来推定其溶蚀深度 $d_T$,在工程实际中更易操作。

(3)遭受溶蚀破坏的各组水泥石试样,其孔隙率均不断增大,并且在溶蚀前期的增长速度较快,到了溶蚀后期逐渐变得缓慢。对孔隙率及其增量进行线性回归分析,结果表明,溶蚀试样的孔隙率增量与溶蚀程度之间存在良好的线性关系。完全溶蚀的水泥石试样,其孔隙率增量与水胶比和粉煤灰的掺量有关:对于纯水泥石,完全溶蚀后的孔隙率增量受水胶比的影响较小;对于掺加 30％粉煤灰的水泥石,完全溶蚀后的孔隙率增量随着水胶比的增大而减小;当水胶比一定时,完全溶蚀水泥石的孔隙率增量随着粉煤灰掺量的增大而减小。

(4)遭受溶蚀破坏的各组水泥石试样,其抗压强度均不断减小,抗压强度损失率与溶蚀程度之间为线性关系。对于水胶比为 0.30~0.60 范围内的水泥石,当溶蚀程度一定时,溶蚀试样的抗压强度损失率随水胶比的增大而减小;当水胶比一定时,掺加 30％粉煤灰的抗压强度损失率较不掺粉煤灰的小,抗溶蚀能力较强。对于粉煤灰外掺量为 10％~55％范围内的水泥石,当溶蚀程度一定时,溶蚀试样的抗压强度损失率随着粉煤灰掺量的增加而减小。基于试验数据建立了抗压强度损失率的预测模型。通过预测模型可以看出,溶蚀试样抗压强度损失率与溶蚀程度成线性正相关。粉煤灰掺量相同时,水胶比越小,完全溶蚀试样的抗压强度损失率越小;水胶比相同时,粉煤灰掺量越小,完全溶蚀试样的抗压强度损失率越大。

(5)遭受溶蚀破坏的各组水泥石试样,其弹性模量均不断减小,弹性模量损失率与溶蚀程度之间为线性关系。弹性模量与弹性模量损失率的变化规律与上述(4)类似,不再赘述。

(6) 遭受溶蚀破坏的各组水泥石梁试样,其抗弯强度均不断减小,抗弯强度损失率与溶蚀程度之间为非线性关系。对于水胶比为 0.30～0.60 范围内的水泥石梁,当溶蚀程度一定时,溶蚀试样的抗弯强度损失率随水胶比的增大而减小;当水胶比一定时,掺加 30％粉煤灰的抗弯强度损失率较不掺粉煤灰的小,抗溶蚀能力较强。对于粉煤灰掺量为 10％～55％范围内的水泥石梁,当溶蚀程度一定时,溶蚀试样的抗弯强度损失率随着粉煤灰掺量的增加而减小。基于试验数据建立了抗弯强度损失率的预测模型。通过预测模型可以看出,与抗压强度损失率与溶蚀程度之间的线性关系不同,溶蚀试样抗弯强度损失率与溶蚀程度成非线性关系:在溶蚀程度较小时,抗弯强度损失率的增长较快,曲线较为陡峭;而在溶蚀程度逐渐增大时,抗弯强度损失率的增长逐渐变慢,曲线也逐渐变得平缓。粉煤灰掺量相同时,水胶比越小,完全溶蚀试样的抗弯强度损失率越小;水胶比相同时,粉煤灰掺量越小,完全溶蚀试样的抗弯强度损失率越大。

(7) 将溶蚀试样断面由外至内依次划分为溶蚀区域、过渡区域和完好区域,与其维氏硬度的变化规律符合良好。从溶蚀试样外表面至溶蚀深度的一段,维氏硬度有显著的下降,称为溶蚀区域;溶蚀前后维氏硬度变化不大的一段,称为完好区域;介于两者之间的一段,维氏硬度逐渐缓慢地下降,称为过渡区域。对于水胶比为 0.30～0.60 的水泥石,溶蚀试样各个区域的维氏硬度都随着水胶比的增大而减小;当水胶比一定时,单掺 30％粉煤灰完好区域的维氏硬度较不掺粉煤灰的低,但溶蚀区域的维氏硬度较不掺粉煤灰的高。这说明粉煤灰的掺入,有效地降低了试样维氏硬度的损失,从而提高了水泥石的抗溶蚀能力。对于粉煤灰掺量为 10％～55％范围内的水泥石,随着粉煤灰掺量的增加,试样完好区域的维氏硬度降低,溶蚀区域维氏硬度的降幅也基本呈降低的趋势;当粉煤灰掺量一定时,水胶比越大,溶蚀区域维氏硬度的降幅越小。另外,在溶蚀初期,水胶比对溶蚀区域维氏硬度的损失率影响不明显;在溶蚀后期直至试样完全溶蚀时,水胶比越大,溶蚀区域维氏硬度的损失率越小。

(8) 基于等效维氏硬度的抗压强度损失率预测模型和基于线性拟合的抗压强度损失率预测模型的预测结果相差不大。首先提出当量硬度和等效维氏硬度的概念,将当量硬度 $h$(MPa)在试样横截面内积分,得到试样的等效当

量硬度 $\bar{h}$（MPa），继而得到等效维氏硬度 $\overline{HV}$；使用与维氏硬度预测模型相同的函数，建立了等效维氏硬度 $\overline{HV}$ 的预测模型；在探明等效维氏硬度 $\overline{HV}$ 与抗压强度之间的规律之后，最终推导出水泥石抗压强度损失率预测模型。使用基于等效维氏硬度的抗压强度损失率预测模型，对不同水胶比和不同粉煤灰掺量的溶蚀试样在不同龄期时的抗压强度损失率进行了预测，将预测结果与基于抗压强度损失率与溶蚀程度的线性拟合关系得到的预测结果相比，两者的相对误差维持在 5.5％以内，说明使用该方法对水泥石抗压强度损失率进行预测是可行的。与第五章中的预测模型相比，基于等效维氏硬度的抗压强度损失率预测模型不仅在宏观的抗压强度和微观的维氏硬度之间建立了关系，而且作为一种无损检测手段，在工程实际中更易操作。

## 11.2　进一步研究的建议

自混凝土用于水下工程以来，国内外学者对混凝土溶蚀破坏机理、破坏特点及预防措施进行了大量的研究。但是，目前的研究多集中在溶蚀单因素破坏，而在实际工程中，化学损伤下的多场耦合作用是导致混凝土力学性能退化、结构承载力和耐久性降低的重要原因。另外，水泥石、砂浆和混凝土等水泥基材料并非各相同性均质材料，若仅用一维数值模型来定量描述溶蚀过程，缺乏准确性和全面性。展望未来，可在以下方面进行深入研究：

（1）溶蚀机理研究

国外学者对水泥石和砂浆的溶蚀特性研究较多，而国内学者对实际工程更为关注，因此研究多集中在混凝土特别是水工混凝土方面。但是由于溶蚀问题本身的复杂性，当前的混凝土溶蚀机理研究远未完善。可对不同水泥基材料在不同介质环境下的溶蚀过程进行研究，总结溶蚀规律，为后续溶蚀机理研究提供可靠依据。

（2）预防溶蚀破坏措施的研究

研究表明，加入一定量的掺合料，如粉煤灰、硅粉和石灰石粉等都可以提高混凝土的抗溶蚀性能。另外，还须全面考虑水泥种类、用量、砂率、水胶比等诸多参数对混凝土的溶蚀破坏作用，才能有效地预防混凝土的溶蚀破坏。可结合工程实例，开展针对溶蚀破坏因素的试验研究，寻求科学合理的预防措施。

（3）溶蚀数值模拟的研究

可在试验研究的基础上，确定相关参数，考虑弹塑性、力学损伤、化学损伤之间的相互影响，建立混凝土溶蚀的数学及力学模型。编写程序，使模型数值化，对已建工程的溶蚀耐久性分析和在建工程的寿命预测提供实际的帮助。

（4）多因素耦合作用下溶蚀机理的研究

混凝土在多因素耦合作用下发生溶蚀破坏的情况在工程实例中较多。由此可根据试验结果，提出力学-化学耦合作用的力学本构模型和计算方法，建立混凝土溶蚀机理数学模型，并开发力学-化学损伤耦合作用的有限元计算程序，使力学模型数值化，对典型工程进行研究，通过数值仿真模拟为施工和设计提供科学依据，为实际工程服务。

# 参考文献

［ 1 ］TOGNAZZI C. Couplages fissuration - dégradation chimique dans les matériaux cimentaires：caractérisation［D］. Toulouse：INSA，1998.

［ 2 ］CARDE C, FRANÇOIS R, TORRENTI J M. Leaching of both calcium hydroxide and C-S-H from cement paste：Modeling the mechanical behavior［J］. Cement and Concrete Research，1996，26（8）：1257-1268.

［ 3 ］刘敬福. 材料腐蚀及控制工程［M］. 北京：北京大学出版社，2010.

［ 4 ］汝乃华，姜忠胜. 大坝事故与安全：拱坝［M］. 北京：中国水利水电出版社，1995.

［ 5 ］蒋林华. 混凝土材料学［M］. 南京：河海大学出版社，2006.

［ 6 ］谢和平. 岩石、混凝土损伤力学［M］. 徐州：中国矿业大学出版社，1990.

［ 7 ］李云峰，吴胜兴. 现代混凝土结构环境模拟试验室技术［J］. 中国工程科学，2005，7（2）：81-85.

［ 8 ］BERNER U R. Modelling the incongruent dissolution of hydrated cement minerals［J］. Radiochimica Acta，1988，44/45（2）：387-394.

［ 9 ］ADENOT F, BUIL M. Modelling of the corrosion of the cement paste by deionized water［J］. Cement and Concrete Research，1992，22（2/3）：489-496.

［10］GÉRARD B. Contribution des couplages mécanique -chimie -transfert dans la tenue à long terme des ouvrages de stockage de déchet radioactifs［D］. E. N. S. de Cachan et Université de Laval，1996.

［11］TRÄGÅRDH J, LAGERBLAD B. Leaching of 90-year old concrete mortar in contact with stagnant water［R］. Swedish Cement and Concrete Research Institute，Stockholm. TR-98-11. 1998.

［12］ FAUCON P，LE BESCOP P，ADENOT F，et al. Leaching of cement：Study of the surface layer[J]. Cement and Concrete Research，1996，26（11）：1707-1715.

［13］ KAMALI S，MORANVILLE M，LECLERCQ S. Material and environmental parameter effects on the leaching of cement pastes：Experiments and modelling[J]. Cement and Concrete Research，2008，38（4）：575-585.

［14］ 方坤河，阮燕，曾力. 少水泥高掺粉煤灰碾压混凝土长龄期性能研究[J]. 水力发电学报，1999，（4）：18-25.

［15］ CARDE C，FRANÇOIS R. Effect of the leaching of calcium hydroxide from cement paste on mechanical and physical properties[J]. Cement and Concrete Research，1997，27（4）：539-550.

［16］ 方坤河，阮燕，曾力. 混凝土允许渗透坡降的研究[J]. 水力发电学报，2000，11（2）：8-16.

［17］ 李新宇，方坤河. 软水溶蚀作用下水工碾压混凝土渗透特性研究[J]. 长江科学院院报，2008，25（4）：81-84.

［18］ 莫斯克文 B M，伊万诺夫 Φ M，阿列克谢耶夫 C H. 混凝土和钢筋混凝土的腐蚀及其防护方法[M]. 北京：化学工业出版社，1988.

［19］ 李新宇，方坤河. 水工碾压混凝土接触溶蚀特性研究[J]. 混凝土，2002（12）：12-16.

［20］ 阮燕，方坤河，曾力，等. 水工混凝土表面接触溶蚀特性的试验研究[J]. 建筑材料学报，2007，10（5）：528-533.

［21］ CARDE C，ESCADEILLAS G，FRANCOIS A H. Use of ammonium nitrate solution to simulate and accelerate the leaching of cement pastes due to deionized water[J]. Magazine of Concrete Research，1997，49（181）：295-301.

［22］ NGUYEN V H，COLINA H，TORRENTI J M，et al. Chemo-mechanical coupling behaviour of leached concrete：Part I：Experimental results[J]. Nuclear Engineering and Design，2007，237（20/21）：2083-2089.

［23］ XIE S Y，SHAO J F，BURLION N. Experimental study of mechanical behaviour of cement paste under compressive stress and chemical degradation[J]. Cement and Concrete Research, 2008, 38 (12): 1416-1423.

[24] LE BELLÉGO C, GÉRARD B, PIJAUDIER-CABOT G. Chemo-mechanical effects in mortar beams subjected to water hydrolysis[J]. Journal of Engineering Mechanics, 2000, 126 (3): 266-272.

[25] LE BELLÉGO C, GÉRARD B, PIJAUDIER-CABOT G. Mechanical analysis of concrete structures submitted to aggressive water attack [C]// BORST, MAZAR J, PIJAUDIER-CABOT, et al. Fracture Mechanics of Concrete Structures. Lisse: Balkema Publishers: 2001. 239-246.

[26] LE BELLÉGO C, GERARD B, PIJAUDIER-CABOT G. Greep, Shrinkage and Durability Mechanics of Concrete and Other Quasi-Brittle Materials [C]// Proceedings of the Sixth International Conference F J Ulm, Bazant F H Wittmann Cambridge(MA),USA, Elsevier Science:2001,493-498.

[27] LE BELLÉGO C, PIJAUDIER-CABOT G, GÉRARD B, et al. Coupled mechanical and chemical damage in calcium leached cementitious structures[J]. Journal of Engineering Mechanics, 2003, 129 (3): 333-341.

[28] HIDALGO A, PETIT S, DOMINGO C, et al. Microstructural characterization of leaching effects in cement pastes due to neutralisation of their alkaline nature: Part Ⅰ: Portland cement pastes[J]. Cement and Concrete Research, 2007, 37 (1): 63-70.

[29] BERTRON A, DUCHESNE J, ESCADEILLAS G. Accelerated tests of hardened cement pastes alteration by organic acids: Analysis of the pH effect [J]. Cement and Concrete Research, 2005, 35 (1): 155-166.

[30] SAITO H, DEGUCHI A. Leaching tests on different mortars using accelerated electrochemical method[J]. Cement and Concrete Research, 2000, 30 (11): 1815-1825.

[31] HANSEN E J, SAOUMA V E. Numerical simulation of reinforced concrete deterioration—Part I: Chloride diffusion[J]. ACI Materials

Journal，1999，96（2）：173-180.

［32］蒋林华，储洪强. 混凝土参数对沉积效果的影响［J］. 水利水电科技进展，2005，25（2）：23-25.

［33］张亮，蒋林华，储洪强. 水泥基材料溶蚀耐久性的研究现状［J］. 混凝土与水泥制品，2006，148（增刊1）：10-13.

［34］张亮. 电化学加速混凝土溶蚀试验研究［D］. 南京：河海大学，2007.

［35］阮燕，方坤河，曾力，等. 碾压混凝土（RCC）在不同水力梯度下渗透和溶蚀特性研究［J］. 武汉大学学报（工学版），2001，34（3）：37-41.

［36］阮燕. 软水环境下水工混凝土抗溶蚀性能研究［D］. 武汉：武汉大学，2006.

［37］李新宇，方坤河. 水工碾压混凝土渗透溶蚀特性研究［J］. 长江科学院院报，2003，20（3）：27-31.

［38］方坤河，阮燕，吴玲，等. 混凝土的渗透溶蚀特性研究［J］. 水力发电学报，2001，1(1)：31-39.

［39］ULM F J, LEMARCHAND E, HEUKAMP F H. Elements of chemomechanics of calcium leaching of cement-based materials at different scales［J］. Engineering Fracture Mechanics，2003，70（7/8）：871-889.

［40］BOURDETTE B. Durabilité du mortier：Prise en compte des auréoles de transition dans la caractérisation et modélisation des processus physiques et chimiques d'altération［D］. Toulouse：INSA，1994.

［41］HAGA K, SUTOU S, HIRONAGA M, et al. Effects of porosity on leaching of Ca from hardened ordinary Portland cement paste［J］. Cement and Concrete Research，2005，35（9）：1764-1775.

［42］MAINGUY M, TOGNAZZI C, TORRENTI J M, et al. Modelling of leaching in pure cement paste and mortar［J］. Cement and Concrete Research，2000，30（1）：83-90.

［43］CATINAUD S, BEAUDOIN J J, MARCHAND J. Influence of limestone addition on calcium leaching mechanisms in cement-based materials［J］. Cement and Concrete Research，2000，30（12）：1961-1968.

［44］YOKOZEKI K, WATANABE K, SAKATA N, et al. Modeling of

leaching from cementitious materials used in underground environ-
ment[J]. Applied Clay Science, 2004, 26 (1/2/3/4): 293-308.

[ 45 ] FAUCON P, ADENOT F, JACQUINOT J F, et al. Long-term be-
haviour of cement pastes used for nuclear waste disposal: Review of
physico-chemical mechanisms of water degradation[J]. Cement and
Concrete Research, 1998, 28 (6): 847-857.

[ 46 ] LE BELLÉGO C. Couplages chimie-mécanique dans les structures en
béton attaquées par l'eau: étude expérimental et analyse numérique
[D]. Cachan: Ecde Normale Superieure de Cachan, 2001.

[ 47 ] TORRENTI J M, MAINGUY M, ADENOT F, et al. Modeling of
leaching in concrete [C]// BORST, BICANIC N, MANG H, et al.
Proceeding of Euro-C 98, Computational Modelling of Concrete
Structure. Rotterdam: 1998: 531-538.

[ 48 ] MORANVILLE M, KAMALI S. Physicochemical equilibria of cement-
based materials in aggressive environments: Experiment and modeling[J].
Cement and Concrete Research, 2004, 34 (9):1569-1578.

[ 49 ] HEUKAMP F H, ULM F J, GERMAINE J T. Mechanical proper-
ties of calcium-leached cement pastes: Triaxial stress states and the
influence of the pore pressures[J]. Cement and Concrete Research,
2001, 31(5): 767-774.

[ 50 ] HEUKAMP F H, ULM F J, GERMAINE J T. Poroplastic proper-
ties of calcium-leached cement-based materials[J]. Cement and Con-
crete Research, 2003, 33 (8): 1155-1173.

[ 51 ] GÉRARD B, PIJAUDIER-CABOT G, LABORDERIE C. Coupled
diffusion-damage modelling and the implications on failure due to
strain localisation[J]. International Journal of Solids and Structures,
1998, 35 (31/32): 4107-4120.

[ 52 ] KUHL D, BANGERT F, MESCHKE G. Coupled chemo-mechanical
deterioration of cementitious materials. Part Ⅰ: Modeling[J]. Inter-
national Journal of Solids and Structures, 2004, 41 (1): 15-40.

[ 53 ] GÉRARD B, LE BELLEGO C, BERNARD O. Simplified modelling

of calcium leaching of concrete in various environments[J]. Materials and Structures/Materiaux et Constructions, 2002, 35 （10）: 632-640.

[54] KUHL D, BANGERT F, MESCHKE G. European Congress on Computational Methods in Applied Science and Engineering[C]// edited by Onate (E. (Ed.), Barcelona, 2000), 11-14 September, pp. 1-23.

[55] MALTAIS Y, SAMSON E, MARCHAND J. Predicting the durability of Portland cement systems in aggressive environments: Laboratory validation[J]. Cement and Concrete Research, 2004, 34 (9): 1579 -1589.

[56] Moranville M. Mechanisms of Chemical Degradation of Cement-Based Materials[C]// edited by Scrivener, Young (E & FN SPON, London 1997), pp. 211-218.

[57] DELAGRAVE A. Mécanismes de pénétration des ions chlore et de dégradation des systèmes cimentaires normaux et à haute performance[D]. Québec: Université Laval, 1996.

[58] RICHET C. Etude de la migration des radioéléments dans les liants hydrauliques: Influence du vieillissement des liants sur les mécanismes et la cinétique des transferts[D]. Orsay: Université Paris XI Orsay, 1992.

[59] FELDMAN R F. Significance of porosity measurements on blended cement performance[C]// Fly Ash, Silica Fume, Slag & Other Mineral By-Products in Concrete. Montebello: American Concrete Institute, 1983: 415-433.

[60] DURNING T A, HICKS M C. Usingmicrosilica to increase concrete's resistance to aggressive chemicals[J]. Concrete International, 1991, 13 (3): 42-48.

[61] 谢文涛, 吴玲, 潘玲. 粉煤灰混凝土在不同水力梯度下溶蚀特性的研究[J]. 粉煤灰, 2000, 12(4): 5-7.

[62] 杨德福, 马锋玲. 面板混凝土抗裂及耐久性研究[J]. 水力发电, 2001,

27(8): 42-43.

[63] FAUCON P, ADENOT F, JACQUINOT J F, et al. Long-term behaviour of cement pastes used for nuclear waste disposal: Review of physico-chemical mechanisms of water degradation[J]. Cement and Concrete Research, 1998, 28 (6): 847-857.

[64] FAUCON P, ADENOT F, JORDA M, et al. Behaviour of crystallised phases of Portland cement upon water attack [J]. Materials and Structures/Materiaux et Constructions, 1997, 30 (8): 480-485.

[65] ADENOT F, FAUCON P. Proceedings of the International RILEM Conference[C]// ARLES. International RILEM Conference. RILEM publication, 1996.

[66] TAYLOR H F W. Hydrated calcium silicates. Part I. Compound formation at ordinary temperatures [J]. Journal of the Chemical Society (Resumed), 1950, 276: 3682-3690.

[67] HINSENVELD M, BISHOP P L. Use of shrinkage core/exposure model to describe the leachability from cement stabilized wastes. Stabilization and solidification of hazardous, radioactive and mix wastes [C]// ASTM STP 1240, Gilliam M. and Wiles C. C. (eds.), ASTM, Philadelphia, 1996.

[68] SNYDER K A, CLIFTON J R. 4sight manual: A computer program for modeling degradation of underground low level waste concrete vaults[R]// NISTIR 5612, U. S. Dept. of commerce, 1995.

[69] ZAMORANI E, SERRINI G. Effect of hydrating water on the physical characteristics and the diffusion release of cesium nitrate immiblized, cement Stab[C]// Solid, Hazard, Radioact, Wastes. 2nd Vol. STP 1123, T. M. Gilliam and Wiles C. C. (eds.), ASTM, Philadelphia, 1992.

[70] LAM L, WONG Y L, POON C S. Degree of hydration and gel/space ratio of high-volume fly ash/cement systems[J]. Cement and Concrete Research, 2000, 30 (5): 747-756.

[71] AMPADU K O, TORII K, KAWAMURA M. Beneficial effect of fly

ash on chloride diffusivity of hardened cement paste[J]. Cement and Concrete Research, 1999, 29(4): 585-590.

[72] CHINDAPRASIRT P, JATURAPITAKKUL C, SINSIRI T. Effect of fly ash fineness on compressive strength and pore size of blended cement paste[J]. Cement and Concrete Composites, 2005, 27 (4): 425-428.

[73] CHINDAPRASIRT P, JATURAPITAKKUL C, SINSIRI T. Effect of fly ash fineness on microstructure of blended cement paste[J]. Construction and Building Materials, 2007, 21 (7): 1534-1541.

[74] PAPADAKIS V G. Effect of fly ash on Portland cement systems: Part I. Low-calcium fly ash[J]. Cement and Concrete Research, 1999, 29 (11) : 1727-1736.

[75] PAPADAKIS V G. Effect of fly ash on Portland cement systems: Part II. High-calcium fly ash[J]. Cement and Concrete Research, 2000, 30 (10): 1647-1654.

[76] ERDOGDU K, TURKER K. Effects of fly ash particle size on strength of Portland cement fly ash mortars[J]. Cement and Concrete Research, 1998, 28 (9): 1217-1222.

[77] SHAFIQ N, CABRERA J G. Effects of initial curing condition on the fluid transport properties in OPC and fly ash blended cement concrete [J]. Cement and Concrete Composites, 2004, 26(4): 381-387.

[78] SAKAI E, MIYAHARA S, OHSAWA S, et al. Hydration of fly ash cement[J]. Cement and Concrete Research, 2005, 35 (6): 1135-1140.

[79] ZHANG Y M, SUN W, YAN H D. Hydration of high-volume fly ash cement pastes[J]. Cement and Concrete Composites, 2000, 22 (6): 445-452.

[80] KURODA M, WATANABE T, TERASHI N. Increase of bond strength at interfacial transition zone by the use of fly ash[J]. Cement and Concrete Research, 2000, 30 (2): 253-258.

[81] ZHANG M H. Microstructure, crack propagation, and mechanical properties of cement pastes containing high volumes of fly ashes[J].

Cement and Concrete Research, 1995, 25 (6): 1165-1178.

［82］THOMAS M D A, BAMFORTH P B. Modelling chloride diffusion in concrete: Effect of fly ash and slag［J］. Cement and Concrete Research, 1999, 29 (4): 487-495.

［83］LEE C Y, LEE H K, LEE K M. Strength and microstructural characteristics of chemically activated fly ash-cement systems［J］. Cement and Concrete Research, 2003, 33(3): 425-431.

［84］KHAN M I, LYNSDALE C J. Strength, permeability, and carbonation of high-performance concrete［J］. Cement and Concrete Research, 2002, 32 (1): 123-131.

［85］CHINDAPRASIRT P, RUKZON S. Strength, porosity and corrosion resistance of ternary blend Portland cement, rice husk ash and fly ash mortar ［J］. Construction and Building Materials, 2008, 22 (8): 1601-1606.

［86］FU X, WANG Z, TAO W, et al. Studies on blended cement with a large amount of fly ash［J］. Cement and Concrete Research, 2002, 32 (7): 1153-1159.

［87］KALINSKI M E, HIPPLEY B T. The effect of water content and cement content on the strength of portland cement-stabilized compacted fly ash［J］. Fuel, 2005, 84 (14/15): 1812-1819.

［88］PANDEY S P, SHARMA R L. The influence of mineral additives on the strength and porosity of OPC mortar［J］. Cement and Concrete Research, 2000, 30(1): 19-23.

［89］YU Q, NAGATAKI S, LIN J, et al. The leachability of heavy metals in hardened fly ash cement and cement-solidified fly ash［J］. Cement and Concrete Research, 2005, 35 (6): 1056-1063.

［90］ え修ぉ罗ぎ, http://baike. baidu. com/view/54962. htm ＃5［Z］, (2011).引自百度百科"硝酸铵"词条

［91］WEE T H, ZHU J, CHUA H T, et al. Resistance of blended cement pastes to leaching in distilled water at ambient and higher temperatures［J］. ACI Materials Journal, 2001, 98 (2): 184-193

［92］DELAGRAVE A, B G, MARCHAND J. Modeling the calcium leaching mechanisms in hydrated cement paste[C]// SCRIVENER, YOUNG. Proceedings of the materials research society symposium on mechanisms of chemical degradation of cement-based system. Boston: 1995: 38-48.

[93] HAGA K, SHIBATA M, HIRONAGA M, et al. Silicate anion structural change in calcium silicate hydrate gel on dissolution of hydrated cement[J]. Journal of Nuclear Science and Technology, 2002, 39 (5): 504-547.

[94] TAYLOR H F W. Cement chemistry[M]. London: Thomas Telford, 1997.

[95] JITENDRA J, NARAYANAN N. Analysis of calcium leaching behavior of plain and modified cement pastes in pure water[J]. Cement and Concrete Composites, 2009, 31 (3): 176-185.

[96] GALLÉ C. Effect of drying on cement-based materials pore structure as identified by mercury intrusion porosimetry: A comparative study between oven-, vacuum-, and freeze-drying[J]. Cement and Concrete Research, 2001, 31 (10): 1467-1477.

[97] WINSLOW D N, DIAMOND S. A mercury porosimetry study of the evolution of porosity in Portland cement[J]. Journal of Materials, 1970, 5 (3): 564-585.

[98] FELDMAN R F, BEAUDOIN J J. Microstructure and strength of hydrated cement[J]. Cement and Concrete Research, 1976, 6(3): 389-400.

[99] BEAUDOIN J J. Porosity measurement of some hydrated cementitious systems by high pressure mercury instruction—microstructural limitations[J]. Cement and Concrete Research, 1979, 9 (6): 771-781.

[100] ROSTASY F S, WEIβ R, WIEDEMANN G. Changes of pore structure of cement mortars due to temperature[J]. Cement and Concrete Research, 1980, 10 (2): 157-164.

[101] FELDMAN R F. Pore structure damage in blended cements caused by

mercury intrusion[J]. Journal of the American Ceramic Society, 2006, 67 (1): 30-33.

[102] NYAME B K. Permeability of normal and lightweight mortars[J]. Magazine of Concrete Research, 1985, 37(130):44-48.

[103] OKPALA D C. Pore structure of hardened cement paste and mortar [J]. International Journal of Cement Composites and Lightweight Concrete, 1989, 11 (4): 245-254.

[104] HAMPTON J H D, THOMAS M D A. Modeling relationships between permeability and cement paste pore microstructures[J]. Cement and Concrete Research, 1993, 23 (6): 1317-1330.

[105] FELDMAN R F, BEAUDOIN J J. Pretreatment of hardened hydrated cement pastes for mercury intrusion measurements[J]. Cement and Concrete Research, 1991, 21 (2/3): 297-308.

[106] EL-DIEB A S, HOOTON R D. Evaluation of Katz-Thompson model for estimating the water permeability of cement based materials from mercury intrusion porosimetry data[J]. Cement and Concrete Research, 1994, 24 (3): 443-455.

[107] MARCHAND J, HOMAIN H, DIAMOND S, et al. The microstructure of dry concrete products[J]. Cement and Concrete Research, 1996, 26 (3): 427-438.

[108] LASKAR M A I, KUMAR R, BHATTACHARJEE B. Some aspects of the evaluation of concrete through mercury intrusion porosimetry [J]. Cement and Concrete Research, 1997, 27 (1): 93-105.

[109] COOK R A, HOVER K C. Mercury porosimetry of hardened cement pastes[J]. Cement and Concrete Research, 1999, 29 (6): 933-943.

[110] DIAMOND S. Mercury porosimetry, aninappropriate method for the measurement of pore size distribution in cement based materials[J]. Cement and Concrete Research, 2000, 30 (10): 1517-1525.

[111] KONECNY L, NAQVI S J. The effect of different drying techniques on the pore size distribution of blended cement mortars[J]. Cement and Concrete Research, 1993, 23 (5): 1223-1228.

[112] ZHANG L, GLASSER F P. Critical examination of dying damage to cement pastes[J]. Advances in Cement Research, 2000, 12 (2): 79-88.

[113] DELAGE P, PELLERIN F M. Influence de la lyophilisation sur la structure d'une argile sensible du Québec [J]. Clay Minerals, 1984, 19 (2): 151-160.

[114] BAGER D H, SELLEVOLD E J. Ice formation in hardened cement paste: Part Ⅲ: Slow resaturation of room temperature cured pastes [J]. Cement and Concrete Research, 1987, 17 (1): 1-11.

[115] KUMAR A, ROY D M. The effect of desiccation on the porosity and pore structure of freeze-dried hardened Portland cement and slag-blended pastes[J]. Cement and Concrete Research, 1986, 16 (1): 74-78.

[116] PARROTT L J. Effect of drying history upon the exchange of pore water with methanol and upon subsequent methanol sorption behaviour in hydrated alite paste[J]. Cement and Concrete Research, 1981, 11 (5): 651-658.

[117] PARROTT L J. Thermogravimetric and sorption studies of methanol exchange in alite paste[J]. Cement and Concrete Research, 1983, 13 (1): 18-22.

[118] PARROTT L J. An examination of two methods for studying diffusion kinetics in hydrated cements[J]. Materials and Structures, 1984, 17 (2): 131-137.

[119] FELDMAN R F. Diffusion measurements in cement paste by water replacement using Propan-2-OL[J]. Cement and Concrete Research, 1987, 17 (4): 602-612.

[120] DAY R L, MARSH B K. Measurement of porosity in blended cement pastes[J]. Cement and Concrete Research, 1988, 18 (1): 63-73.

[121] THOMAS M D A. The suitability of solvent exchange techniques for studying the pore structure of hardened cement paste[J]. Advances in Cement Research, 1989, 2 (5): 29-34.

[122] HEARN N, HOOTON R D. Sample mass and dimension effects on mercury intrusion porosimetry results[J]. Cement and Concrete Research, 1992, 22 (5): 970-980.

[123] DAY R L. Reactions between methanol and Portland cement paste [J]. Cement and Concrete Research, 1981, 11 (3): 341-349.

[124] TAYLOR H F W, TURNER A B. Reactions of tricalcium silicate paste with organic liquids[J]. Cement and Concrete Research, 1987, 17 (4): 613-623.

[125] HUGHES D C, CROSSLEY N L. Pore structure characterisation of GGBS/OPC grouts using solvent techniques[J]. Cement and Concrete Research, 1994, 24 (7): 1255-1266.

[126] BEAUDOIN J J, GU P, MARCHAND J, et al. Solvent replacement studies of hydrated Portland cement systems: The role of calcium hydroxide[J]. Advanced Cement Based Materials, 1998, 8 (2): 56-65.

[127] GRAN H C, HANSEN E W. Exchange rates of ethanol with water in water-saturated cement pastes probed by NMR[J]. Advanced Cement Based Materials, 1998, 8 (3/4): 108-117.

[128] JENSEN O M, HANSEN P F, COATS A M, et al. Chloride ingress in cement paste and mortar[J]. Cement and Concrete Research, 1999, 29 (9): 1497-1504.

[129] POON C S, KOU S C, LAM L. Compressive strength, chloride diffusivity and pore structure of high performance metakaolin and silica fume concrete[J]. Construction and Building Materials, 2006, 20 (10): 858-865.

[130] THOMAS J J, BIERNACKI J J, BULLARD J W, et al. Modeling and simulation of cement hydration kinetics and microstructure development [J]. Cement and Concrete Research, 2011, 41 (12): 1257-1278.

[131] SANAHUJA J, DORMIEUX L, CHANVILLARD G. Modelling elasticity of a hydrating cement paste[J]. Cement and Concrete Research, 2007, 37 (10): 1427-1439.

[132] OH B H, JANG S Y. Prediction of diffusivity of concrete based on

simple analytic equations[J]. Cement and Concrete Research, 2004, 34 (3): 463-480.

[133] PRADHAN B, NAGESH M, BHATTACHARJEE B. Prediction of the hydraulic diffusivity from pore size distribution of concrete[J]. Cement and Concrete Research, 2005, 35 (9): 1724-1733.

[134] TUMIDAJSKI P J. Relationship between resistivity, diffusivity and microstructural descriptors for mortars with silica fume[J]. Cement and Concrete Research, 2005, 35 (7): 1262-1268.

[135] SHI X, YANG Z, LIU Y, et al. Strength and corrosion properties of Portland cement mortar and concrete with mineral admixtures[J]. Construction and Building Materials, 2011, 25 (8): 3245-3256.

[136] BOCKRIS J O M, REDDY A K N. Modern electrochemistry. an introduction to an interdisciplinary area[M]. New York: Plenum Press, 1970.

[137] HELFFERICH F. Iron exchange [M]. New York: McGraw-Hill, 1961.

[138] SAMSON E, MARCHAND J. Modeling the effect of temperature on ionic transport in cementitious materials[J]. Cement and Concrete Research, 2007, 37 (3): 455-468.

[139] PANKOW J F. Aquatic Chemistry Concepts[M]. New York: Lewis Publishers, 1994.

[140] HIDALGO A, VERA G D, CLIMENT M A, et al. Measurements of chloride activity coefficients in real Portland cement paste pore solutions[J]. Journal of the American Ceramic Society, 2001, 84 (12): 3008-3012.

[141] REARDSON E J. Problems and approaches to the prediction of the chemical composition in cement/water systems[J]. Waste Management, 1992, 12 (2-3): 221-239.

[142] SAMSON E, LEMAIRE G, MARCHAND J, et al. Modeling chemical activity effects in strong ionic solutions[J]. Computational Materials Science, 1999, 15 (3): 285-294.

[143] BEAR J，BACHMAT Y. Introduction to modeling of transport phenomena in porous media ［M］. Dordrecht：Kluwer Academic Publishers，1991.

[144] FAUCON P，ADENOT F，JORDA M，et al. Behaviour of crystallised phases of Portland cement upon water attack ［J］. Materials and Structures/Materiaux et Constructions，1997，30（8）：480-485.

[145] ADENOT F，FAUCON P. Proceedings of the international RILEM conference［C］// ARLES. International RILEM Conference. RILEM Publication，1996.

[146] ADENOT F. Durabilité du béton：Caractérisation et modélisation des processus physiques et chimiques de dégradation du ciment ［D］. Orléans：Université d'Orléans，1992.

[147] TAYLOR H F W. Hydrated calcium silicates. Part I. Compound formation at ordinary temperatures ［J］. Journal of the Chemical Society (Resumed)，1950，276：3682-3690.

[148] DAIMON M，ABO-EL-ENEIN S A，ROSARA G，et al. Pore structure of Calcium silicate hydrate in hydrated tricalcium silicate［J］. Journal of the American Ceramic Society，1977，60（3/4）：110-114.

[149] 张景富，林波，王珣，等. 单轴应力条件下水泥石强度与弹性模量的关系［J］. 科学技术与工程，2010，10(21)：5249-5253，5256.

[150] ACI 318—95. Building code requirements for structural concrete［S］. in ACI Manual of Concrete Practice Part 3：Use of concrete in Buildings-Design，Specifications，and Related Topics. （Detroit，Michigan，1996）.

[151] TS 500. Requirements for design and construction of rainforced concrete structures［S］. （Turkish Standardization Institute，Ankara，2000）.

[152] ACI Committee. State of the art report on high strength concrete (ACI 363R)［R］. （1984，81(4)：364-411）.

[153] CEB-FIB. Model code［S］. in D' information CEB （Lausanne，1993：213-214）.

[154] Norwegian Council for Building Standardization. Concrete Structures Design Rules[S]. NS 3473 E. (Stockholm, 1992).

[155] DEMIR F. A new way of prediction elastic modulus of normal and high strength concrete: fuzzy logic[J]. Cement and Concrete Research, 2005, 35 (8): 1531-1538.

[156] DEMIR F. Prediction of elastic modulus of normal and high strength concrete by artificial neural networks[J]. Construction and Building Materials, 2008, 22 (7): 1428-1435.

[157] 吕德生, 汤骅. 高强混凝土弹性模量与抗压强度的相关性试验研究[J]. 混凝土与水泥制品, 2001 (6): 20-21.

[158] 张雪松. 大掺量粉煤灰混凝土的早期强度研究[J]. 粉煤灰综合利用, 2010, 23(2): 26-28.

[159] 吴大鸿, 王宇. 硅灰、粉煤灰对机制砂制混凝土抗折强度的影响研究[J]. 科技信息, 2009, (21): I0266.

[160] 李志平, 王泽明. 混凝土抗折强度的影响因素及质量控制[J]. 西安公路交通大学学报, 1996, 16 (3): 58-61.

[161] 张臣, 徐为, 申强. 基于灰色理论的受酸雨侵蚀混凝土抗折强度的预测模型[J]. 交通标准化, 2009(19): 96-99.

[162] 金柏芳. 水泥混凝土抗折强度影响因素的试验分析[J]. 2004, 49 (5): 158-160.

[163] 兰建梅. 水泥砼小梁抗折强度与劈裂抗折强度关系分析[J]. 山西交通科技, 2001(2): 43-45.

[164] 朱德友. 正交试验分析影响混凝土抗折强度的因素[J]. 安徽建筑, 2004, 11(4): 70-71.

[165] 赵艳华. 混凝土断裂过程中的能量分析研究[D]. 大连: 大连理工大学, 2002.

[166] 张琦进. 高强耐磨水泥混凝土抗裂及断裂性能的试验研究[D]. 杭州: 浙江大学, 2008.

[167] 王学滨, 张君. 考虑抗拉强度及峰值后软化曲线非均质性的混凝土梁三点弯曲破坏过程数值模拟[J]. 工程力学, 2009, 26 (12): 155-160.

[168] 张君, 刘骞. 基于三点弯曲实验的混凝土抗拉软化关系的求解方法

[J]. 硅酸盐学报，2007，35（3）：268-274.

[169] 王学滨，于海军，潘一山. 考虑应变梯度效应的三点弯曲梁模型解析研究[J]. 工程力学，2004，21（5）：193-197.

[170] MOREL J C，PKLA A. A model to measure compressive strength of compressed earth blocks with the '3 points bending test'[J]. Construction and Building Materials，2002，16（5）：303-310.

[171] SKARZYNSKI，J L. Tejchman. Calculations of fracture process zones on meso-scale in notched concrete beams subjected to three-point bending[J]. European Journal of Mechanics：A/Solids，2010，29（4）：746-760.

[172] CHEN B，LIU J. Experimental study on AE characteristics of three-point-bending concrete beams[J]. Cement and Concrete Research，2004，34（3）：391-397.

[173] VICHIT-VADAKAN W，SCHERER G W. Measuring permeability and stress relaxation of young cement paste by beam bending[J]. Cement and Concrete Research，2003，33（12）：1925-1932.

[174] ARIAS A，FORQUIN P，ZAERA R，et al. Relationship between static bending and compressive behaviour of particle-reinforced cement composites[J]. Composites Part B：Engineering，2008，39(7/8)：1205-1215.

[175] REDJEL B. Etude experimentale de la fatigue du beton en flexion 3 points [J]. Cement and Concrete Research，1995，25（8）：1655-1666.

[176] 林建好. 3 种截面梁弯曲应力分析与实验[J]. 河南科学，2009，27（3）：342-345.

[177] 汤繁华，祝方才，李习平，等. 叠梁纯弯曲正应力的理论与实验分析[J]. 实验科学与技术，2010，8(5)：3-4,62.

[178] 李平，邓岳保，白玉明. 叠梁理论分析与试验研究[J]. 山西建筑，2009，35(7)：90-91.

[179] 冒一锋，刘伟庆，方海，等. 复合材料夹层梁受弯破坏模式试验与理论分析[J]. 玻璃钢/复合材料，2010(4)：10-13,41.

[180] 於红梅. 夹层梁纯弯曲正应力理论公式推导与实验分析[J]. 湖北工业大学学报，2007，22（2）：54-56.

[181] 蔡正咏，李世绮. 路面水泥混凝土抗折强度的经验关系[J]. 中国公路
学报，1992，5（1）：14-20.

[182] 阎相桥，类维生，刘丹梅，等. 确定层状复合材料界面结合强度的新模
型[J]. 材料科学与工艺，1993，1（1）：13-22.

[183] 郑碧玉，王社，张亚亭，等. 组合梁的应力分析与实验[J]. 长安大学
学报（自然科学版），2006，26（5）：62-65.

[184] 赵至善，张文荣，周雪峰. 叠梁的应力分析与实验[J]. 重庆工学院学
报（自然科学版），2008，22（3）：118-120.

[185] 周益春，郑学军. 材料的宏微观力学性能[M]. 北京：高等教育出版
社，2009.

[186] 许金泉. 材料强度学[M]. 上海：上海交通大学出版社，2009.

[187] 束德林. 工程材料力学性能[M]. 北京：机械工业出版社，2003.

[188] 韩德伟. 金属硬度检测技术手册[M]. 长沙：中南大学出版社，2003.

[189] CHUNG H Y, WEINBERGER M B, YANG J M, et al. Correlation
between hardness and elastic moduli of the ultraincompressible tran-
sition metal diborides $RuB_2$, $OsB_2$, and $ReB_2$[J]. Applied Physics
Letters, 2008, 92 (26): 261904

[190] YANG R, ZHANG T, JIANG P, et al. Experimental verification and
theoretical analysis of the relationships between hardness, elastic
modulus, and the work of indentation [J]. Applied Physics Letters,
2008, 92 (23): 231906.

[191] RAMAMURTY U, JANA S, KAWAMURA Y, et al. Hardness and
plastic deformation in a bulk metallic glass [J]. Acta Materialia,
2005, 53 (3): 705-717.

[192] 王运炎. 机械工程材料[M]. 3版. 北京：机械工业出版社，2009.

[193] 王晓敏. 工程材料学[M]. 哈尔滨：哈尔滨工业大学出版社，2002.

[194] 梁新邦，李久林，张振武. 金属力学及工艺性能试验方法国家标准汇
编[M]. 北京：中国标准出版社，1996.

[195] 韩德伟. 金属的硬度及其试验方法[M]. 长沙：湖南科学技术出版
社，1983.

[196] 杨迪，李福欣. 显微硬度试验[M]. 北京：中国计量出版社，1988.

［197］张文生，王宏霞，叶家元. 水化硅酸钙的结构及其变化[J]. 硅酸盐学报，2005，33（1）：63-68.

［198］THOMAS J J，JENNINGS H M. A colloidal interpretation of chemical aging of the C－S－H gel and its effects on the properties of cement paste[J]. Cement and Concrete Research，2006，36（1）：30-38.

［199］吕林女，赵晓刚，何永佳，等. 钙硅比对水化硅酸钙形貌和结构的影响[C]// 中国硅酸盐学会水泥分会首届学术年会. 焦作：2009.

［200］欧阳世翕. CSH 体系若干特性研究[J]. 武汉工业大学学报，1987(3)：315-338.

［201］彭小芹，杨巧，黄滔，等. 水化硅酸钙超细粉体微观结构分析[J]. 沈阳建筑大学学报(自然科学版)，2008，24（5）：823-836.

［202］沈卫国，肖立奇，马威，等. 水化硅酸钙纳米尺度微结构的 AFM 研究[J]. 硅酸盐学报，2008，36（4）：487-497.

［203］RICHARDSON I G. The nature of the hydration products in hardened cement pastes[J]. Cement and Concrete Composites，2000，22（2）：97-113.

［204］宋恩来. 寒冷地区坝体混凝土防渗性能分析与评价[J]. 大坝与安全，2011(3)：13-19,24.

［205］李金玉，曹建国. 水工混凝土耐久性的研究和应用[M]. 北京：中国电力出版社，2004.

［206］陆采荣，刘伟宝，梅国兴，等. 敦化抽水蓄能电站可行性研究阶段混凝土配合比及性能试验研究报告[R]. 南京水利科学研究院，2011.